Python数据挖掘实战

方小敏　著

电子工业出版社

Publishing House of Electronics Industry

北京·BEIJING

内 容 简 介

本书从解决工作上的实际问题出发，提炼总结了日常工作中常用的数据挖掘实战方法与技巧，并且使用 Python 语言来实现。本书力求通俗易懂地介绍相关知识，尽可能避免使用晦涩难懂的统计术语或模型公式去讲解每个算法的原理。而且在每个算法的后面演示一个实用的案例，方便大家理解和掌握每种算法的使用。

本书的定位是带领使用 Python 语言的数据挖掘初学者入门，并能解决学习、工作中大部分的问题或需求。读者入门后若还需要进一步学习，可自行扩展阅读相关书籍或资料。学习是永无止境的，正所谓"师傅领进门，修行在个人"。

图书在版编目（CIP）数据

Python 数据挖掘实战 / 方小敏著. —北京：电子工业出版社，2021.2
ISBN 978-7-121-40461-0

Ⅰ . ①P... Ⅱ . ①方... Ⅲ . ①软件工具－程序设计 Ⅳ . ①TP311.561

中国版本图书馆 CIP 数据核字（2021）第 007875 号

责任编辑：张月萍
印　　刷：北京东方宝隆印刷有限公司
装　　订：北京东方宝隆印刷有限公司
出版发行：电子工业出版社
　　　　　北京市海淀区万寿路 173 信箱　　　　　　邮编：100036
开　　本：720×1000　　1/16　　印张：15.25　　　字数：317 千字
版　　次：2021 年 2 月第 1 版
印　　次：2021 年 2 月第 1 次印刷
印　　数：4000 册　　　定价：79.00 元

凡所购买电子工业出版社图书有缺损问题，请向购买书店调换。若书店售缺，请与本社发行部联系，联系及邮购电话：（010）88254888，88258888。

质量投诉请发邮件至 zlts@phei.com.cn，盗版侵权举报请发邮件至 dbqq@phei.com.cn。
本书咨询联系方式：010-51260888-819，faq@phei.com.cn。

前　　言

随着云计算、互联网、电子商务和物联网的飞速发展，世界已经迈入大数据时代，数据分析、数据挖掘、机器学习等数据科学技术也相应流行起来。作为数据科学家最常用的工具，Python 语言也越来越被大家熟悉和认可，特别是在互联网行业，Python 已经成为数据科学家的宠儿。

技术的飞速发展，使得互联网公司的业务越来越多，需要处理的数据也越来越大。如果还是使用传统的数据分析方法，依靠数据分析师来分析业务数据，然后再产生决策，显然已经满足不了互联网业务快速发展的新需求。因此，在大数据时代，通过机器从大量的数据中发现有价值的规律和信息，是我们面临的挑战与必须解决的问题。

近年来，落地应用的大数据解决方案层出不穷。随着对互联网业务与技术的不停探索，数据科学家逐渐在不同的业务场景，使用不同的算法或者模型，解决了一个又一个业务问题。而这些针对特定的业务场景提出的算法和模型，就是本书要介绍的数据挖掘方法与技术。

笔者阅读过大量目前市面上关于 Python 数据挖掘的书籍，它们大多数都涉及了很多在日常工作中基本不会使用到的晦涩难懂的Python语言编程、统计术语或模型公式。这无疑增加了此类书籍的阅读难度，提高了学习数据挖掘的门槛，让非专业的朋友学起来较为吃力和痛苦。

鉴于此，笔者于 2015 年开始提炼和总结工作中常用的 Python 数据挖掘实战方法与技巧，并录制成了视频课程《Python 数据挖掘实战》发布于网易云课堂。课程上线后，得到了大量学员的支持与肯定。随后，笔者又根据热心学员提出的宝贵反馈意见，对课程进行了升级更新。

正是在《Python 数据挖掘实战》视频课程的录制、升级过程中，笔者沉淀了大量的Python 数据挖掘实战教学经验。学员与读者们不断来信咨询希望早日出版《Python 数据挖掘实战》一书。经过三年时间的打磨，本书终于与读者见面了。整个写作过程是艰辛的，但是也很有成就感。

本书的定位是带领有一定 Python 数据分析基础的同学入门数据挖掘，如果你还没有掌握数据分析技巧，可以阅读《谁说菜鸟不会数据分析（Python 篇）》一书，掌握了基础的数据分析技巧后，再学习本书的内容。

本书结构

本书以笔者在数据挖掘工作中遇到的各种业务问题为主线，介绍如何用 Python 进行数据挖掘。

第 1 章　数据挖掘基础　主要介绍数据挖掘的概念和本书将要学习的内容，通过对比数据分析与数据挖掘的不同，让读者了解与认识数据挖掘。

第 2 章　回归模型　主要介绍回归模型的理论与实践，首先介绍线性模型基础，然后拓展到非线性回归模型的理论与实践。每个模型都配有实战案例，方便读者在工作中灵活掌握回归模型的使用方法。

第 3 章　分类模型　主要介绍分类模型的理论与实践，首先介绍分类模型的评估方法，然后再从简单的 KNN 模型开始，详细介绍了朴素贝叶斯模型、决策树模型、随机森林模型、SVM 模型以及逻辑回归模型。每个模型都配有实战案例，方便读者在工作中灵活掌握分类模型的使用方法。

第 4 章　特征工程　主要介绍特征工程的理论与实践，首先介绍特征工程的概念与意义，然后探讨每种特征工程的技巧并验证它对模型效果的提升，每种方法都配有实战案例，方便读者在工作中灵活掌握开展特征工程的技巧。

第 5 章　聚类算法　主要介绍聚类算法的理论与实践，首先针对不同类型的业务场景提出适配的聚类算法，并讲解每种聚类算法的使用方法，以及如何通过平行坐标图来解读聚类算法的结果。

第 6 章　关联算法　主要介绍关联算法的理论与实践，首先介绍关联算法的理论与实践，然后介绍协同过滤算法在推荐系统中的使用方法，每个方法都配有实战案例，方便读者在工作中灵活掌握关联算法使用技巧。

第 7 章　时间序列　主要介绍时间序列的理论与实践，首先介绍时间序列的分解，如何对时间序列进行分析，然后详细介绍 ARIMA 算法如何对时间序列进行预测。每个方法都配有实战案例，方便读者在工作中灵活掌握时间序列算法使用技巧。

第 8 章　模型持久化　主要介绍模型持久化的方法与实践，首先介绍如何把训练好的模型保存为文件，然后介绍如何导入模型文件以恢复模型。每个方法都配有实战案例，方便读者在工作中灵活掌握模型持久化的方法。

适合人群

★ 需要提升自身竞争力的数据分析师

★ 从事咨询、研究、分析等工作的专业人士

★ 在产品、市场、用户、渠道、品牌等工作中需要进行数据挖掘的人士

案例数据下载

如想获取本书配套代码、数据以及答疑方式，可通过扫码直接加笔者微信（datastudyken）进行互动。

致谢

感谢广大读者与学员的支持，让笔者下定决心撰写本书。在此要衷心感谢成都道然科技有限责任公司的姚新军先生，感谢他的提议和在写作过程中的支持。感谢我的家人，感谢他们默默的付出，没有他们的理解与支持，就没有本书的出版。

尽管我们对书稿进行了多次修改，仍然不可避免地会有疏漏和不足之处，敬请广大读者批评指正，我们会在适当的时间进行修订，以满足更多读者的需要。

目　　录

第3章　分类模型　/48

21 世纪是一个数据信息爆炸性增长的时代。随着云计算、互联网、电子商务和物联网技术的飞速发展，世界已经迈入大数据时代。数据科学在各个行业的应用越来越广泛，决策也越来越依靠数据做出，而不是依靠个人直觉和经验。

"
If you can't measure it, you can't manage it.
"
— *Peter F. Drucker*

管理学大师彼得·德鲁克曾经说过：如果你无法衡量它，就无法管理它，这其实说的就是数据挖掘。那么数据挖掘究竟是什么呢？我们可以通过 2W1H 模型来理解数据挖掘，也就是 What——数据挖掘是什么？ Why——数据挖掘有什么用？ How——数据挖掘如何做？

1.1 数据挖掘是什么

1989 年，Fayyad 定义了数据库知识发现(Knowledge Discovery in Database，KDD)。他指出，KDD 是从数据库中识别出有效的、新颖的、潜在有用的，以及最终可理解的模式的非平凡过程。随着技术的进步和实践的加深，人们发现用人工智能、机器学习、统计学和数据库的交叉方法，可以发现大型的数据集中有用的模式。而 Han 和 Kamber 在 2000 年便提出了数据挖掘（Data Mining，DM）的概念，指出数据挖掘是一套工具和方法的总称。凭借这些工具和方法，我们可以从观测到的数据中提炼模式、归纳知识，以用于指导工作和实践。这些工具和方法，我们常称为数据挖掘算法。

数据挖掘算法并非数据挖掘这个学科独有，也并非是从零开始创建的，它来自于其他的学科在现实问题中的成功实践。数据挖掘算法的基础理论包括算法、概率统计、软件工程、优化理论和计算机科学等相关学科的知识。这些学科的发展也受到了包括市场经济学、金融学、语言学、神经科学、城市规划等其他学科的启发。因此，我们在数据挖掘的实践过程中，还需要结合行业的具体业务进行知识整合。

1.1.1　数据挖掘算法的类型

根据数据挖掘的目标，数据挖掘算法可以分为两类：有监督数据挖掘算法和无监督数据挖掘算法。那什么是有监督，什么是无监督呢？下面我们通过几个案例，来理解监督这个概念。

有监督数据挖掘算法——以垃圾邮件识别为案例

电子邮件（E-mail）诞生于 1971 年美国国防部资助的 Arpanet 项目。麻省理工学院博士 Ray Tomlinson 把一个可以在不同的电脑网络之间进行数据传输的软件和一个仅用于单机通信的软件进行了功能合并，命名为 SNDMSG（即 Send Message）。Tomlinson 选择"@"符号作为用户名与地址的分隔，因为这个符号比较生僻，不会出现在任何一个人的名字当中，而且这个符号也有着"at"的含义。

虽然电子邮件是在 20 世纪 70 年代发明的，但到了 20 世纪 80 年代才得以兴起。因为 20 世纪 70 年代使用 Arpanet 的人太少了，网络的速度也仅为 56Kb/s 标准速度的二十分之一。受网络速度的限制，当时的用户只能发送一些简短的文本信息，根本无法像今天这样发送大量的语音、照片和视频。到了 20 世纪 80 年代中期，随着个人电脑的兴起，电子邮件开始在电脑迷以及大学生中广泛传播开来。到 20 世纪 90 年代中期，随着浏览器的诞生，全球网民人数激增，电子邮件被广泛使用。

随着电子邮件在民间的广泛使用，电子邮件逐渐成为销售推广的一种手段，广告、诈骗、谣言等垃圾邮件也越来越多，人们开始想办法过滤这些垃圾邮件（如图 1-1 所示）。

正确识别垃圾邮件的技术难度非常大。传统的垃圾邮件过滤方法，主要有"关键词法"和"校验码法"。前者的过滤依据是特定的词语；后者则是计算邮件文本的校验码，再将其与已知的垃圾邮件进行对比。它们的识别效果都不理想，而且很容易规避。

图 1-1 垃圾邮件识别

到了 2002 年，Paul Graham 提出使用贝叶斯算法过滤垃圾邮件，这个方法的效果很好，1000 封垃圾邮件可以被过滤掉 995 封，而且没有一个误判。那么，基于贝叶斯理论的模型，是一个怎样的工作过程呢？

首先，准备好两组已经识别的邮件：一组是正常邮件；另一组是垃圾邮件。Paul Graham 使用正常邮件和垃圾邮件各 4000 封，对贝叶斯模型进行训练。

训练的过程很简单，模型会提取出邮件的每一个词，然后统计每个词在正常邮件和垃圾邮件中的出现概率。例如，在 4000 封垃圾邮件中，有 200 封包含"sex"这个词，那么"sex"在垃圾邮件中，出现概率就是 5%。而在 4000 封正常邮件中，只有 2 封包含"sex"这个词，那么"sex"在正常的邮件中，出现概率是 0.05%。有了每个单词在每个分类中的出现概率，根据贝叶斯定理，就可以得到，一封邮件分别属于垃圾邮件和正常邮件的概率有多大。

因此，当邮件系统收到一封新的邮件时，如果通过贝叶斯模型，计算出它属于垃圾邮件的概率较大，那么邮件系统就可以标记这封邮件是垃圾邮件。

在这个案例中，所谓的有监督，就是指已经做出是垃圾邮件还是正常邮件的标记。并且，这个正确的标记，可以帮助数据挖掘算法在训练的过程中，对自己的错误进行纠正，从而使得算法越来越精准。

无监督数据挖掘算法——以基于 GIS 信息选址为案例

随着信息技术的快速发展，移动设备和移动互联网已经普及。用户在使用移动网络的时候，会在基站以及应用服务器上留下地理位置信息。随着近年来 GIS 技术的不断完善和普及，涌现出了许多基于用户的 GIS 地理位置信息的创新应用。

例如，在选择店铺地址的时候，可以参考用户留下的 GIS 地理位置信息来选，如

图 1-2 所示。通过获取到的用户 GIS 地理位置信息，商家可以在电子地图上，把用户的位置——打上锚点，如图 1-2 中深红色的点所示。

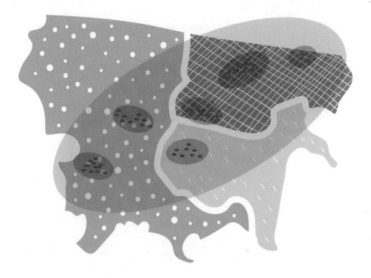

图 1-2　GIS 店铺选址

接着通过聚类算法，基于距离的远近，把这些点聚成不同区域。在执行聚类算法的过程中，一般先使用一个较小的类别个数。例如当类别个数为 1 时，聚类算法会把整个区域聚为一个大片区（粉红色大区）。然后逐渐增加类别的个数，每增加一个类别，都会根据业务的要求，对聚类的结果进行解读和评估，直到选到合适的类别个数为止。在如图 1-2 所示的分布中，最终选择的类别个数为 6，地图上的锚点被聚成了 6 个小片区（红色小区）。

如果要在这 6 个片区选择一个位置作为新店的地址，最好的位置肯定是人数最多的片区的中心位置。

在这个案例中，所谓的无监督，是指并没有预先对 GIS 地理位置信息做类别标记。无监督学习算法，可以基于距离来进行迭代聚类。在实践中可结合业务的实际情况，选择合理的类别个数。对聚类的结果进行解读后，即可把其作为决策的依据。

1.1.2　数据挖掘需要的技能

数据挖掘，是一门综合的学科，是其他相关学科在现实问题中的成功实践。它涉及线性代数、概率统计、数据可视化、数值计算方法、数据仓库、机器学习、市场营销等多门学科的知识。

线性代数

矩阵计算是数据挖掘算法的基础，例如线性回归中参数的拟合，协同推荐中的推荐，它们都可以被转换为矩阵的运算。使用计算机进行矩阵运算，不仅可以避免人工计算的错误，而且也可以极大地提高计算的效率。

概率统计

概率统计除了是数据挖掘算法的理论基础外，同时也为数据挖掘算法提供了量化评估的指标。例如前面提到的贝叶斯分类算法，就使用到了概率统计中的贝叶斯定理。其同时也量化了分类问题中的样本分类概率。

数据可视化

数据可视化为数据挖掘算法提供了更形象、更容易让人理解和阅读数据的方式。例如本书中将要介绍的决策树算法，它除了可以对数据进行分类外，还可以直接生成树结构的图形，以显示分类的执行过程，如图 1-3 所示。

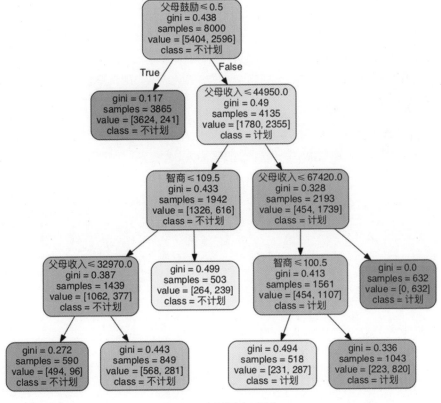

图 1-3 决策树可视化

数值计算方法

数值计算方法是有效利用计算机求解数学方程近似解的方法。

在现实中，并非所有问题都可以使用像一元一次方程或者二元一次方程这样的方法来进行精确求解。很多现实问题并没有精确的求解方法。虽然这些问题没有精确解，但是可以通过数值计算的方法，找到近似最优解。

例如本书将要介绍的非线性回归模型，虽然它无法直接使用公式进行求解，但是它可以使用数值计算方法提供的近似解来进行参数拟合。

数据仓库

大数据时代，数据都是存储在数据仓库中的，因此，如何从数据仓库中读取我们需要的数据，并且对数据进行清洗、运算，然后加以使用，成了数据挖掘的关键。

数据仓库包括数据的存储技术，例如数据的安全存储技术、数据压缩技术及数据分布式存储技术等。数据的操作方法，包括 SQL、MapReduce、Spark RDD 等。你掌握的数据仓库技能越多，在操作数据方面，就越有优势。

机器学习

数据挖掘使用的大部分算法都属于机器学习算法，例如贝叶斯算法、决策树算法、聚类算法等。又如近年来发展迅猛的神经网络、深度学习、概率图模型等，这极大地丰富了数据挖掘的算法库，为数据挖掘领域的发展提供了有力的支持。

市场营销

数据挖掘是商业问题的解决方案，而非像机器学习一样，属于单纯的理论知识。因此，数据挖掘需要从商业中来，也要回到商业中去。掌握一定的市场营销理论，对数据挖掘的部署和应用有着极大的帮助。

更多的学科知识

数据挖掘需要的技能远远不止以上所列。要学好数据挖掘，做好数据挖掘，必须要有持续学习的心态，不断从身边的学科借鉴成功的经验，提升自己。

1.1.3　数据挖掘的常见误区

数据挖掘虽然已经出现了将近 20 年，但是很多人对数据挖掘的认识是有误区的。综合来看，主要有以下两个认识误区。

自动发现新知识

说到数据挖掘，很多人都会想到一个矿工，拿着铁锹在挖掘金子的情景，觉得特"高大上"，如图 1-4 所示。

图片来自韩家伟《数据挖掘概念与技术》第 4 页

图 1-4　数据挖掘形象图

特别是"挖掘"这两个字，会让很多人认为，就是对大数据执行一些算法。就好像工厂的流水线一样，只要实现了这些算法，搭建好流水线，你只需要往里面输入数据，它就能够不断地自动产生新的知识，如图 1-5 所示。

图 1-5　流水线般地挖掘数据

但实际上数据挖掘并非如此，其是人们处理商业问题的某些方法，你需要根据实际的业务问题，搜集解决这个问题需要的数据，然后通过合适的数据挖掘工具，获得有价值的结果。

需要高深的专业技能

也有不少人认为，数据挖掘需要非常高深的专业技能。例如需要精通高深的数据挖掘算法，需要熟练掌握程序开发的技巧等，并且觉得只要掌握了这些高深的技能，就可以把数据挖掘这个工作做好。

事实上并非如此。我们都知道，制造智能手机是非常需要专业性和技术性知识的，单凭匹夫之力，是无法制造出智能手机的。但是在这个年代，还有谁不会使用智能手机呢？

同样的道理，数据挖掘的算法研究和实现，的确需要非常专业的理论和技能。但是，如果我们能够知道这些数据挖掘算法的使用场景，能够在现实的业务中把它们应用起来，那么，进行数据挖掘，就像使用手机一样简单。

所以在现实的工作中，最好的数据挖掘工程师往往是那些熟悉和了解业务的人。只有从实际业务出发，了解业务的需求，才能知道需要解决什么问题，然后找出解决问题的方法，最后使用合适的工具，来解决实际的问题。

1.2 数据挖掘的常见问题

在实际的工作场景中，我们的企业或客户，总希望数据挖掘工程师能够帮他们解决以下业务问题：

★ 预测商品未来的销量。

★ 如何细分现有目标市场？

★ 如何提升销量及如何进行交叉销售？

★ 某个促销活动，用户是否会响应？

★ 预测未来一段时间内，用户是否会流失？

这些问题，从数据挖掘的角度来看都可以转换为以下四类问题：

★ 预测问题

★ 分类问题

★ 聚类问题

★ 关联问题

下面，我们就从数据挖掘的角度来讨论，不同的数据挖掘技术分别可用于解决哪些商业问题。

1.2.1　预测问题

　　预测问题和分类问题类似，都属于有监督学习的问题。预测算法必须有目标变量 Y，并且，该目标变量 Y 是一个具体的数值，而非分类值。因为很多预测算法都是回归算法，所以预测问题一般也称为回归问题。在回归问题中，特征一般被称为自变量，目标一般被称为因变量，如图 1-6 所示。

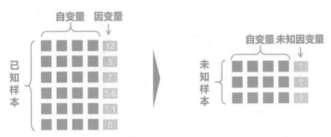

图 1-6　预测问题

　　常用的预测方法有一元线性回归分析、多元线性回归分析、时间序列分析等。预测算法主要用来解决以下商业问题。

天气预报

　　预测算法可以根据历史的天气及天气特征（例如，卫星拍摄的云层分布、空气中的湿度等），来预测未来的天气。

量化投资

　　量化投资的原理是，我们对一批股票的涨跌做出预测，然后我们在股票上涨到预测高点时卖出，在股票跌落到预测低点时买进，赚取股票买进卖出之间的差价。因此量化投资的核心在于对股票价格的最高点以及最低点预测的准确性。

企业 KPI 制定

　　企业每到年初或者年中，都会给员工制定合理的 KPI 目标，例如接下来的半年，每天的活跃用户数要达到多少，每个月的营业额应该多少等，这些指标都可以根据企业的历史数据，通过分析时间序列进行预测，从而得到一个合理的 KPI 目标。

1.2.2　分类问题

　　在分类问题中，要求样本数据中有一列分类的目标变量。分类的目标变量可以是离散的值，例如性别用{男、女、未知}表示；也可以是有限的数字集合，例如是否活跃用

{1、0}表示，一般 1 代表活跃，0 代表不活跃。

然后，分类算法根据已经标注好的分类目标变量，使用样本特征数据来训练模型，就可以得到相应的分类规则。再利用这些分类规则，对未知的数据进行预测，从而得到未知样本所属的类别以及属于每个类别的概率，如图 1-7 所示。

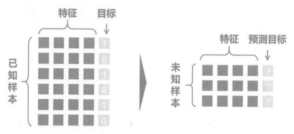

图 1-7　分类问题

分类问题属于预测问题的一种特殊形式。它和普通预测问题的区别是，其预测的结果是类别。例如在图 1-7 中，我们的目标变量只有表示类别的 0 和 1 两个取值，而不是一些具体的数值，如 1.5、0.3、3.5 等。

常见的分类算法有：决策树、贝叶斯、KNN、支持向量机、神经网络、逻辑回归等。下面，我们来看看，分类算法能够帮助企业解决哪些商业问题。

预测未来一段时间内用户是否会流失

根据历史的用户留存数据，收集每个用户的特征，然后根据用户流失的规则，把历史用户标注为留存和流失两个类别。之后使用分类算法，把历史的留存数据作为样本，训练分类模型，即可预测当前用户在未来一段时间内，是否会流失。

预测用户是否会响应你的某个促销活动

根据历史的促销活动数据，收集每个用户的特征，然后根据历史用户是否响应促销活动，把历史用户标注为响应和不响应两个类别。之后使用历史促销活动数据作为样本，训练分类模型，即可预测当前的目标用户，是否会响应某个促销活动。

评估用户的信用度

根据用户的历史信用数据，收集每个用户的特征，然后根据业务需要，把用户分为不同的信用等级，例如分为好、普通、不好三个等级，或者分为非常好、好、普通、不好、差五个等级等。之后使用历史的信用数据作为训练样本，训练分类模型，然后即可根据未知信用等级用户的特征，来评估他们的信用等级。

1.2.3　聚类问题

聚类，是根据"物以类聚"的原理，将数据合理归类的一种方法。在聚类问题中，需要按一定的规则给出聚类对象的类别，这些类别不是预先标注好的，而是根据数据的特征给出的，即事先没有一个目标分类变量 Y，需要通过聚类模型把目标变量 Y 预测出来，如图 1-8 所示。

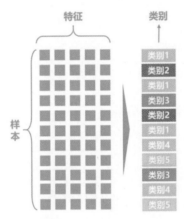

图 1-8　聚类问题

聚类算法属于无监督算法，就是说在训练模型之前，我们对目标变量一无所知，需要根据特征变量来进行聚类模型的运算，从而得到目标变量。聚类的目的并非只是产生目标变量，而是产生可解释的目标变量。在得到聚类模型预测的结果后，还需要针对每个类别的特征，从业务特征的角度进行解释。要告诉模型的使用者，每个类别的内部特征，以及这个类别与其他类别的区分特征是什么。

常见的聚类算法有：划分聚类算法、层次聚类算法、密度聚类算法、网格聚类算法等。下面，我们来看看，聚类算法主要用来解决哪些商业问题。

市场细分

通过聚类挖掘，能够将现有目标市场进行细分，针对不同的细分市场，制定不同的营销或发展策略。例如运营商在设计话费套餐时，可以根据用户通话以及流量这两个特征，把用户的需求聚为几个类别，然后挖掘每个类别背后的特征。而后再根据每个类别的主要特征制定适合不同用户的套餐，以满足不同用户的使用需求。

职业规划

通过收集的大量简历中的学历、工作经历、公司规模、薪水、职位等特征，使用聚类算法，挖掘出不同职位的成长路径与规律，然后使用聚类的结果指导职场人士的职业规划。

文本主题模型

收集大量的文章标题、作者、内容等特征，把这些特征生成文章向量，然后使用聚类模型，对大量文章的主题进行抽取，得到这些文章的类型分类。例如微博中的某一热门话题，用户对该话题会有各种各样的评论，此时可以使用主题模型，对这些评论进行主题的抽取，研究用户在关注这个话题时，会产生哪些类型的评论。

基于地理位置信息的商业选址

随着信息技术的快速发展，移动设备和移动互联网已经普及到千家万户。用户在使用移动网络时，会自然地留下用户的位置信息。近年来，GIS 地理信息技术日益完善和普及，将用户位置信息和 GIS 地理信息结合起来就会产生新的应用。例如百度与万达合作，通过定位用户的位置，再结合万达的商户信息，就可以向用户推送位置营销服务，以提升商户效益。

1.2.4 关联问题

关联分析，是用于发现事件或记录之间潜在的关联，挖掘给定事件或记录中可能存在的频繁模式（如图 1-9 所示）的一种分析方法。关联问题，不属于预测问题，因为它没有预测的目标变量 Y。

规则	支持度	置信度
A -> D	0.4	0.66
C -> A	0.4	0.50
A -> C	0.4	0.66
B, C -> D	0.2	0.33

图 1-9　关联问题

常见的关联算法有：Aprior 算法、Carma 算法和序列算法。下面我们来看看，关联算法主要用来解决哪些商业问题。

购物车分析

超市对顾客的购买记录数据库进行关联规则挖掘，可以发现顾客的购买习惯。例如，购买产品 X 的同时也购买产品 Y，于是，超市就可以调整货架的布局，比如将产品 X 和产品 Y 放在一起，以增加销量。

调查问卷分析

公司通过调查问卷，收集用户对产品或者服务的反馈信息。再使用关联规则算法，对反馈信息进行挖掘，从而获知用户对某个商品的意见以及改进需求。公司可以根据这个关联结果，对产品进行改进。

理财产品推荐

在投资理财时有一个非常重要的原则，那就是"不要把鸡蛋都放在同一个篮子里"。用户在理财时，通常会同时购买多个理财产品。使用关联规则算法，可以发现用户的购买习惯，这类似购物车分析，银行发现很多购买了理财产品 A 的人，同时也购买了理财产品 B，于是，银行的营销人员就可以给只购买了理财产品 A 而没有购买理财产品 B 的人进行推荐，从而增加资金的流动性，给社会带来更多的财富。

现实中的商业问题往往很复杂，可能是多个案例的组合。

例如在运营商话费套餐制定的案例中，我们需要使用聚类模型将用户聚为多个类型。在聚类之后，还需要挖掘每个类别内部的主要特征，以及各个类别之间的区分特征。这时，我们可以使用决策树模型，将聚类的结果当作分类的目标变量 Y，然后通过决策树模型的图形输出，分析聚类得到的每个类别的现实意义。

因此，我们除了要掌握数据挖掘模型的每种算法的使用场景之外，还要善于把不同的数据挖掘算法整合起来使用。

1.3 数据挖掘的标准流程

数据挖掘，是一个从商业中来，到商业中去的过程。尽管算法是数据挖掘的核心，但它并不是挖掘的全部。为了让数据挖掘过程标准化，1999 年欧盟机构联合起草了跨行业数据挖掘标准流程（CRISP-DM，Cross-Industry Standard Process For Data Mining）。通过近几年的发展，CRISP-DM 模型已成为数据挖掘领域的主要流程模型。

CRISP-DM 模型将数据挖掘过程分解为：商业理解、数据理解、数据准备、模型构建、模型评估及模型部署 6 个阶段，如图 1-10 所示。这 6 个阶段在实践中并不会按照顺序依次进行，我们经常需要回到前面的步骤，因此该过程是一个循环的探索过程。

图 1-10　CRISP-DM 模型

1.3.1　商业理解

商业理解，主要完成对商业问题的界定，以及对企业内外部资源进行评估与组织。该阶段主要完成以下几件事情：

首先，必须确定商业目标。包括了解商业背景、成功标准等。

其次，确定数据挖掘目标。包括确定目标用户口径、建模时间窗口、数据挖掘成功标准等。

最后，需要制定一系列的项目方案，确保项目开展顺利。包括制订项目计划、选用建模工具、选用算法等。

1.3.2　数据理解

数据理解，是指在开展数据挖掘之前，必须对企业现有的内外部数据进行摸底，并提出数据需求；对多个平台的数据进行收集，深入了解数据质量，以帮助分析人员快速理解数据。该阶段主要完成以下几件事情：

首先，提出数据需求，进行数据收集，形成收集报告。

然后，对每列数据进行描述性统计分析，了解各个指标的均值、最大值、最小值、众数、中值等。然后在数据列之间进行探索性数据分析，使用散点图或其他相关分析方法形成探索分析报告。

最后，对数据质量进行描述，摸清数据来源并了解真实性，评估是否满足建模需求，最终形成数据质量报告。

1.3.3　数据准备

数据准备，也就是我们常说的数据处理。该阶段完成建立数据挖掘模型之前的数据准备工作，主要目的是形成一张符合数据挖掘目标的数据宽表。

主要有以下几项工作：

第一，进行数据导入，将从各个系统提取的数据表统一导入建模的平台。

第二，进行数据抽取，抽取建模需要的特征变量，剔除与建模不相关的变量，筛选符合条件的数据记录。

第三，进行数据清洗，主要包括缺失值处理、重复值处理、异常值处理等。

第四，进行数据合并，主要包括记录合并、字段合并、字段匹配等处理。

第五，进行字段计算，生成新的字段变量，如均值、占比、变异系数、标准化值等。

并不是做了一次数据处理之后就一劳永逸了。在后续的过程中，还需要根据模型构建的需求对数据进行反复的处理。

1.3.4　模型构建

模型构建，是数据挖掘过程的核心阶段，该阶段的主要工作如下：

第一，准备模型的训练集和验证集，避免模型在训练集中的效果很好，但在验证集中效果很差的情况出现，科学评估模型的适用性。

第二，根据业务选择适当的建模技术及算法，例如业务需要构建流失预警模型，则判断这是一个分类问题，可以采用决策树模型，也可以采用逻辑回归模型等。

第三，搭建多个模型，完成每个模型的参数设定，然后对模型算法的适用性进行比较。

在模型构建的过程中，如果数据的特征不符合模型的要求，则还需要回到数据准备阶段，重新对数据进行处理，然后再进行模型构建。数据处理和模型构建是一个不停迭代的过程，直到处理好的数据适用于所有候选的模型为止。

1.3.5　模型评估

模型评估是数据挖掘整个流程中非常重要的环节，这一步将直接决定模型是否达到预期效果，模型可以部署了，还是需要重新调整？主要从两个方面进行模型评估：

从技术层面评估。首先，需要设计对照组进行比较，因为有对照才会评估出好与坏，才能看到模型的效果。其次，需要设计合理的评估指标，在商业建模中，经常用到的指标有：命中率、覆盖率、提升度等。

从业务经验方面评估。主要由业务专家凭借业务知识对数据挖掘结果进行评估，确保模型评估不脱离实际业务。

1.3.6　模型部署

模型部署阶段是数据挖掘任务的最后一个阶段，该阶段主要利用数据挖掘模型的结果来协助业务开展、战略设计和战术实施。还要定期收集反馈信息，优化模型，进一步改善模型性能。该阶段的工作主要是以下几点：

首先，必须对营销过程进行跟踪记录。

然后，仔细观察模型衰退变化，以便定期优化模型。随着时间的推移，模型会逐步变弱，所以模型需要跟上趋势的变化，要定期引入新的变量，剔除过时的变量，不断优化模型。

最后，因为数据挖掘是一项耗费时间、钱财、人力的工作，所以需要将挖掘成果撰写成程序模块，部署到数据平台，确保挖掘成果得到多次使用。

1.4 数据分析和数据挖掘的区别

数据分析和数据挖掘之间，既有联系，又有区别。下面我们分别从定义、作用、方法和结果四个方面来了解一下，数据分析和数据挖掘之间的区别。

1.4.1 数据分析

定义

数据分析是指根据分析目的，用适当的统计分析方法及工具，对收集来的数据进行处理与分析，提取有价值的信息，使数据发挥作用。

作用

数据分析主要有三大作用：现状分析、原因分析、预测分析（定量）。

数据分析的目标明确，先做假设，然后通过数据分析来验证假设是否正确，从而得到相应的结论。

方法

数据分析的方法主要有对比分析、分组分析、交叉分析、回归分析等。

结果

进行数据分析后，一般会得到一个指标统计结果，如总和、平均值等。这些指标数据需要结合业务来解读，如此才能体现数据的价值与作用。

1.4.2　数据挖掘

定义

数据挖掘是指，使用统计学、人工智能、机器学习等方法，从大量的数据中挖掘出未知且有价值的信息和知识的过程。

作用

数据挖掘主要解决四类问题：分类、聚类、关联和预测（定量、定性）。数据挖掘的重点在于寻找有价值的、未知的模式与规律。例如在啤酒与尿不湿案例中，啤酒与尿不湿搭配销售，可以显著提升销售额，这就是事先未知的，但又是非常有价值的规律。

方法

主要采用决策树、神经网络、关联规则、聚类分析等统计学、人工智能、机器学习等方法进行挖掘。

结果

输出模型或规则，并且可相应地得到模型得分或标签。模型得分有用户流失预测业务中预测用户将要流失的概率值，垃圾邮件分类业务中预测一封邮件是垃圾邮件的概率值等。标签如 RFM 分析中的"高""中""低"价值用户；用户流失预测业务中的"流失"或"留存"用户；信用卡欺诈业务中的"优""良""中""差"等用户信用等级。

综合起来，数据分析与数据挖掘的本质是一样的，都是从数据中发现关于业务的知识（有价值的信息），从而帮助业务运营、改进产品，以及帮助企业做更好的决策。数据分析与数据挖掘构成广义的数据分析。

第**2**章
回归模型

　　"回归"一词，由 Frances Galton（1822—1911）爵士首次用来描述一种统计学方法。他曾对亲子间的身高做研究，发现父母的身高虽然会遗传给子女，但子女的身高却有逐渐"回归到中等（即人的平均值）"的现象。不过 Galton 提出的回归和现在的回归在意义上已不尽相同。现在回归的意义，可以回溯到 1805 年勒让德和 1809 年的高斯提出的"最小二乘估计法"。勒让德和高斯都将该方法应用于从天文观测中确定关于太阳系的行星轨道（主要是彗星，后来是新发现的小行星）的问题。最小二乘估计法，则是现代回归问题的主要解决方案之一。

　　当要分析的目标变量为连续型变量时，可以使用回归分析，例如在广告投放中，广告费与销售额之间具有很强的相关关系，提高广告费用，可以相应地提升销售额。但当提高广告费的额度时，预期能提升多少销售额呢？或者想要获得一定的销售额，应该投入多少广告费用呢？甚至，当广告费用投入为 0 时，也就是不做任何的广告宣传时，销售额又是多少？在这个问题中，销售额就是一个连续型的目标变量，回归分析可以很好地解决这类问题。

2.1　回归模型简介

　　回归分析（Regression Analysis）是研究自变量与因变量之间数量变化关系的一种

分析方法，它主要是一种通过建立因变量y与影响它的自变量x_i（$i = 1, 2, 3\cdots$）之间关系的回归模型，来预测因变量y的发展趋势的分析方法。例如，销售额与推广费用是一种依存关系，通过对这一依存关系的分析，并且在确定了下一期推广费用的条件下，可以预测将实现的销售额。

相关分析（见 2.2 节）与回归分析的联系是：均为研究及测度两个或两个以上变量之间关系的方法。在实际工作中，一般先进行相关分析，计算相关系数，然后再拟合回归模型，用回归模型进行预测。

相关分析与回归分析的区别是：

★　相关分析研究的是随机变量，并且不分自变量与因变量。回归分析研究的变量要区分自变量与因变量，并且自变量是确定的普通变量，因变量是随机变量。

★　相关分析主要描述两个变量之间相关关系的密切程度，回归分析不仅可以揭示变量 x 对变量 y 的影响大小，还可以根据回归模型进行预测。

回归分析模型主要包括线性回归及非线性回归两种。线性回归又分为简单线性回归、多重线性回归，是我们常用的分析方法。而非线性回归，需要对数据进行转化，将其转化为线性回归的形式进行研究。我们接下来重点学习线性回归。

回归分析的步骤可以归纳为五步法，如图 2-1 所示。

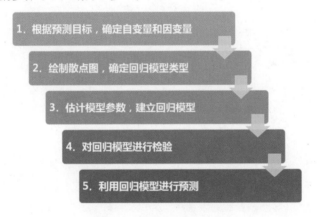

图 2-1　回归分析五步法

1. 根据预测目标，确定自变量和因变量

围绕业务问题，明晰预测目标，从经验、常识和对以往历史数据研究等方面，初步确定自变量和因变量。

2. 绘制散点图，确定回归模型类型

绘制散点图，从图形化的角度初步判断自变量和因变量之间是否具有线性相关关系。

同时进行相关分析，根据相关系数判断自变量与因变量之间的相关程度和方向，从而确定回归模型的类型。

3. 估计模型参数，建立回归模型

采用最小二乘法等方法进行模型参数的估计，建立回归模型。

4. 对回归模型进行检验

回归模型不可能一下就达到预期，需要反复对整个模型及各个参数进行统计显著性检验，逐步优化和最终确立回归模型。

5. 利用回归模型进行预测

模型通过检验后，使用新的数据，根据新的自变量，来进行因变量目标值的预测。

2.2　相关分析

按照哲学中的说法，世界是一个普遍联系的有机整体，现象之间客观上存在着某种有机联系，一种现象的发展变化必然受与之相联系的其他现象发展变化的制约与影响。在统计学中，这种依存关系可以分成相关关系和回归函数关系两大类。

2.2.1　依存关系

1. 相关关系

相关关系是指现象之间存在的非严格的、不确定的依存关系。这种依存关系的特点是：某一现象在数量上发生变化会影响另一现象数量上的变化，而且这种变化在数量上具有一定的随机性。即当为某一现象指定一个数值时，另一现象会有若干个数值与之对应，并且总是遵循一定的规律，围绕平均值上下波动，其原因是影响现象发生变化的因素不止一个。例如，影响销售额的因素除了推广费用外，还有产品质量、价格、渠道等。

2. 回归函数关系

回归函数关系是指现象之间存在的依存关系。在这种依存关系中，对于某一变量的每一个数值，都有另一变量值与之相对应，并且这种依存关系可用一个数学表达式表示出来。例如，在一定的条件下，身高与体重存在的依存关系。

相关分析是基础统计分析方法之一，它是研究两个或两个以上随机变量之间相互依存关系的方向和密切程度的方法。相关分析的目的是研究变量间的相关关系，它通常与回归分析等高级分析方法一起使用。

相关关系可分为线性相关关系和非线性相关关系，线性相关关系也称为直线相关关系，非线性相关关系从某种意义来讲也是曲线相关关系。我们主要学习最经常使用的线性相关关系。

2.2.2　相关系数的计算

相关关系的密切程度使用相关系数来度量，线性系数一般采用皮尔逊（Pearson）相关系数 r 来计算，它要求输入的两个变量都是符合正态分布的连续型变量，相关系数的取值范围在[-1, 1]。

皮尔逊相关系数的计算公式如下所示：

$$r = \frac{\sum(Z_X Z_Y)}{N}$$

其中，X 和 Y 分别是两个连续变量，N 是样本的个数，Z_X 和 Z_Y 是 X 和 Y 的 Z 分数，Z 分数的计算公式是：

$$Z_X = \frac{X - \bar{X}}{\sigma_X}$$

$$Z_Y = \frac{Y - \bar{Y}}{\sigma_Y}$$

其中，$\bar{X}$、$\bar{Y}$ 是 X 和 Y 的均值，σ_X、σ_Y 是 X 和 Y 的标准差。

下面使用一个案例，来演示皮尔逊相关系数的计算过程。

广告部门进行了多次广告投放，并记录了每次广告投放费用 X 和销售额 Y 之间的关系数据，如图 2-2 所示，求广告投放费用和销售额之间的相关系数。

X	Y
12.5	21.2
15.3	23.9
23.2	32.9
26.4	34.1
33.5	42.5
34.4	43.2
39.4	49
45.2	52.8
55.4	59.4
60.9	63.5

图 2-2　广告投放费用和销售额

首先，根据均值与方差的计算公式，计算 X 与 Y 的均值与方差，有：

$$\bar{X} = 34.62$$

$$\bar{Y} = 42.25$$

$$\sigma_X = 16.05$$

$$\sigma_Y = 14.29$$

然后，根据 Z 分数的计算公式，统计出 X 与 Y 的 Z 分数 Z_X 和 Z_Y，如图 2-3 所示。

X	Y	z_X	z_Y	z_X*z_Y
12.5	21.2	-1.45254	-1.55302	2.255814
15.3	23.9	-1.26867	-1.35382	1.717549
23.2	32.9	-0.74991	-0.68982	0.517302
26.4	34.1	-0.53978	-0.60129	0.32456
33.5	42.5	-0.07355	0.018444	-0.00136
34.4	43.2	-0.01445	0.070089	-0.00101
39.4	49	0.313885	0.497998	0.156314
45.2	52.8	0.694749	0.778352	0.54076
55.4	59.4	1.364546	1.265283	1.726536
60.9	63.5	1.72571	1.567771	2.705518

图 2-3   广告投放费用和销售额的 Z 分数

最后，根据相关系数的计算公式，可以得到：

$$r = \frac{2.26 + 1.72 + \cdots + 2.71}{10} = \frac{9.94}{10} = 0.99$$

2.2.3   相关系数的方向与大小

相关系数 r 的正、负可以反映相关的方向：

当 $r>0$ 时，表示线性正相关，Y 随着 X 的增大而增大，随着 X 的减小而减小；

当 $r<0$ 时，表示线性负相关，Y 随着 X 的增大而减少，随着 X 的减小而增大。

r 的大小可以反映相关的程度，当 $r=0$ 时表示两个变量之间不存在线性关系。注意，这仅仅说明两个变量之间不存在线性关系，并不代表变量之间没有任何关系。一般情况下，相关系数的取值与相关程度的对应关系如图 2-4 所示。

线性相关系数 $|r|$ 取值范围	相关程度
$0 \leqslant |r| < 0.3$	低相关
$0.3 \leqslant |r| < 0.8$	中相关
$0.8 \leqslant |r| \leqslant 1$	高相关

图 2-4   相关系数与相关程度的对应关系

在 Pandas 中，使用 corr 函数进行相关系数的计算。corr 函数会计算数据框中每列之间的相关系数，然后以相关系数矩阵的形式返回结果。

相关系数的计算方法，一共有三种，分别为前面演示的皮尔逊相关系数、肯达相关系数以及斯皮尔曼相关系数。其中皮尔逊相关系数最常用，所以默认选择皮尔逊相关系数作为 method 参数，如图 2-5 所示。

pandas.DataFrame.corr(method='pearson')	
参　数	说　明
method	皮尔逊相关系数、肯达（kendall）相关系数、斯皮尔曼（spearman）相关系数

图 2-5　corr 函数常用参数

2.2.4　居民购物习惯相关分析案例

下面通过一个案例来学习在 Python 中如何进行相关分析。首先将数据导入 data 变量，代码如下所示：

代码输入

```
import pandas
data = pandas.read_csv(
    'D:\\PDMBook\\第 2 章 回归模型\\2.2 相关分析\\相关分析.csv',
    engine='python', encoding='utf8'
)
```

执行代码，得到的数据如图 2-6 所示。可以看到，这是一份调查数据。

data - DataFrame

Index	小区ID	人口	平均收入	文盲率	超市购物率	网上购物率	本科毕业率
0	1	3615	3624	2.1	15.1	84.9	41.3
1	2	365	6315	1.5	11.3	88.7	66.7
2	3	2212	4530	1.8	7.8	92.2	58.1
3	4	2110	3378	1.9	10.1	89.9	39.9
4	5	21198	5114	1.1	10.3	89.7	62.6
5	6	2541	4884	0.7	6.8	93.2	63.9
6	7	3100	5348	1.1	3.1	96.9	56
7	8	579	4809	0.9	6.2	93.8	54.6
8	9	8277	4815	1.3	10.7	89.3	52.6

Format　Resize　✓ Background color　✓ Column min/max　OK　Cancel

图 2-6　相关分析案例数据

如果只需要了解人口和文盲率这两个指标是否存在线性相关关系，可以从 data 数据框中，把"人口"列选出来，然后调用 corr 函数，把"文盲率"这一列作为参数传递进去，就可以计算人口和文盲率这两个指标的相关系数，代码如下所示：

代码输入	结果输出
data['人口'].corr(data['文盲率'])	0.10762237339473261

执行代码，即可得到人口和文盲率这两个指标的相关系数约为 0.1，也就是低线性相关。

最后，计算超市购物率、网上购物率、文盲率、人口这四个指标之间的线性关系，把要参与计算相关系数的列，从 data 数据框中选择出来，然后调用 corr 函数，即可计算出这四个指标之间的相关系数，代码如下所示：

代码输入

```
# 计算多列之间的相关系数，可使用两个中括号，从数据框里选择多列数据，
# 形成新的数据框，再调用 corr 函数
corrMatrix = data[[
    '超市购物率', '网上购物率', '文盲率', '人口'
]].corr()
```

执行代码，即可得到各个指标之间的相关系数矩阵，如图 2-7 所示。

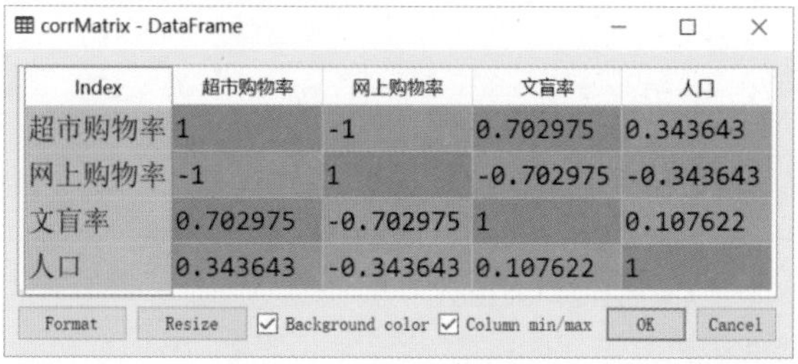

Index	超市购物率	网上购物率	文盲率	人口
超市购物率	1	-1	0.702975	0.343643
网上购物率	-1	1	-0.702975	-0.343643
文盲率	0.702975	-0.702975	1	0.107622
人口	0.343643	-0.343643	0.107622	1

图 2-7　相关系数矩阵

可以发现，相关系数矩阵是对称的，例如超市购物率和文盲率的值，就在第一行第三列或第三行第一列的位置，都是 0.702975，对角线上的相关系数，都是每列和自己本身的相关系数，因此都是 1。

相关关系不等于因果关系

相关性表示两个变量同时变化，而因果关系是一个变量导致另一个变量变化。例如，一项统计显示，游泳时溺水人数越多，冰淇淋销售就越多，也就是游泳溺水人数和冰淇淋销售量之间呈线性正相关关系。由此可以得出吃冰淇淋就会增加游泳溺水的风险的结论吗？

显然不能得出这样的结论，这两个事件都受到了夏天气温升高的影响，是否吃冰淇淋跟游泳溺水不存在任何因果关系。

2.3 简单线性回归分析

简单线性回归也称为一元线性回归，也就是回归模型中只含有一个自变量。简单线性回归主要用来处理一个自变量与一个因变量之间的线性关系。简单线性回归模型为：

$$Y = \alpha X + \beta + e$$

式中：

    Y 因变量

    X 自变量

    α 回归系数，是回归直线的斜率

    β 常数项，是回归直线在纵坐标轴上的截距

    e 随机误差，即随机因素对因变量所产生的影响

2.3.1 线性回归方程解读

某超市进行了多次广告投放，并记录了每次投放的广告费用以及其带来的销售额，如图 2-8 所示。

月份	广告投放费用(万元)	销售额(万元)
201601	29.7	802.4
201602	25.7	725
201603	20.6	620.5
201604	17	587
201605	10.9	505
201606	18.2	607.8
201607	12.7	522.7
201608	16.1	554
201609	17.3	600.3
201610	22.8	702.8
201611	24.8	728
201612	28.7	782

图 2-8 广告投放费用与销售额（部分）

使用广告投放费用作为平面坐标图中的 X 轴，销售额作为 Y 轴，绘制散点图，如图 2-9 所示。

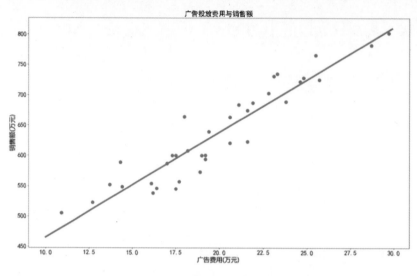

图 2-9 使用直线拟合散点图

简单线性回归，最直观的解释，就是使用一条直线，来代表平面上的点，如图 2-9 中的直线所示。使用最小二乘法，可以求得该直线的表达式为：

$$y = 17.31x + 291.90$$

在简单线性回归方程中，当直线拟合点的精度满足一定要求后，回归系数 α 代表的意义是：每当 x 增加 1，y 的值会增加 α。而截距 β 代表的意义是：当 $x = 0$ 时，y 的值为 β。结合本案例来解释，就是当付出的广告费用为 0 时，销售额为 291.90 万元，付出的广告费用每增加 1 万元，销售额增加 17.31 万元。

知道了回归方程的意义后，下面我们来学习如何求解回归方程。

2.3.2 使用最小二乘法求解回归方程

最小二乘法（Ordinary Least Square，OLS），又称为最小平方法，它通过最小化误差的平方和寻找数据的最佳匹配函数。"最小二乘法"名字的含义有两个：一是要将误差最小化；二是将误差最小化的方法是使误差的平方和最小化。在古汉语中"平方"称为"二乘"，使用平方的原因是为了规避负数对计算的影响。

从图 2-10 所示的散点图可以看出，A、B、C、D 四个点之间有着明显的线性关系。但是这些点不在一条直线上，我们只能尽量拟合出一条直线来，使得尽可能多的（x_i, y_i）数据点落在或者更加靠近这条拟合出来的直线上，也就是让它们拟合的误差尽量小。

最小二乘法在回归模型上的应用，就是使得观测点和估计点的距离的平方和达到最小，如图 2-10 所示。这里的"二乘"指的是用平方来度量观测点与估计点的远近，"最小"指的是参数的估计值要保证各个观测点与估计点的距离的平方和达到最小，也就是我们刚才所说的使得尽可能多的（x_i，y_i）数据点落在或者更加靠近这条拟合出来的直线。

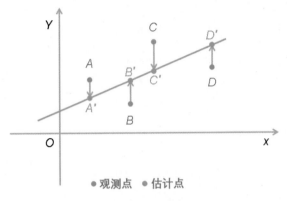

图 2-10　最小二乘法示例

最小二乘法（OLS）的原理是，使得残差平方和 $\sum_{i=1}^{n}(\hat{y}_i - y_i)^2$ 最小，式中，$\hat{y}_i$ 为拟合出来的因变量，y_i 为原始的因变量。残差平方和的计算公式如下：

$$S(\hat{a}, \hat{\beta}) = \sum_{i=1}^{n}(\hat{y}_i - y_i)^2 = \sum_{i=1}^{n}(\hat{a}x_i + \hat{\beta} - y_i)^2$$

根据导数的性质，要获得上面表达式的最小值，只需要对 α、β 各自求导，求出一阶导数的值为 0 的解即可。我们先对 β 求导，就可以得到第一个等式：

$$\frac{\partial S}{\partial \hat{\beta}} = 2\sum_{i=1}^{n}(\hat{a}x_i + \hat{\beta} - y_i) = 0$$

也就是：

$$\sum_{i=1}^{n}(\hat{a}x_i + \hat{\beta} - y_i) = 0$$

方程两边除以 n，那么可以得到以下公式：

$$\frac{\sum_{i=1}^{n}(\hat{a}x_i + \hat{\beta} - y_i)}{n} = \frac{0}{n} = 0$$

因为 $\frac{\sum_{i=1}^{n}x_i}{n}$ 和 $\frac{\sum_{i=1}^{n}y_i}{n}$ 分别是训练数据中的 X 和 Y 的均值，记为 $\bar{x}$、$\bar{y}$，展开上面的公式，可以得到下面的式子：

$$\hat{\alpha}\bar{x} + \hat{\beta} - \bar{y} = 0$$

也就是:

$$\hat{\beta} = \bar{y} - \hat{\alpha}\bar{x}$$

得到参数 β 的估算公式后,接着对 α 求导,得到下面的等式:

$$\frac{\partial S}{\partial \hat{\alpha}} = 2 \sum_{i=1}^{n} x_i(\hat{\beta} + \hat{\alpha}x_i - y_i) = 0$$

因为 $\hat{\beta} = \bar{y} - \hat{\alpha}\bar{x}$,所以可把它代入上面的式子中:

$$\sum_{i=1}^{n} x_i(\bar{y} - \hat{\alpha}\bar{x} + \hat{\alpha}x_i - y_i) = 0$$

把 x_i 放入括号内,有:

$$\sum_{i=1}^{n} (x_i\bar{y} - \hat{\alpha}(x_i\bar{x} - x_ix_i) - x_iy_i) = 0$$

通过转换,可以得到:

$$\hat{\alpha}\sum_{i=1}^{n} (x_i\bar{x} - x_ix_i) = \sum_{i=1}^{n} (x_i\bar{y} - x_iy_i)$$

也就是:

$$\hat{\alpha} = \frac{\sum_{i=1}^{n}(x_i\bar{y} - x_iy_i)}{\sum_{i=1}^{n}(x_i\bar{x} - x_ix_i)} = \frac{\sum_{i=1}^{n}(x_iy_i - x_i\bar{y})}{\sum_{i=1}^{n}(x_ix_i - x_i\bar{x})}$$

$$= \frac{\sum_{i=1}^{n}x_iy_i - \sum_{i=1}^{n}x_i\bar{y}}{\sum_{i=1}^{n}x_ix_i - \sum_{i=1}^{n}x_i\bar{x}} = \frac{\sum_{i=1}^{n}x_iy_i - n\bar{x}\bar{y}}{\sum_{i=1}^{n}x_ix_i - n\bar{x}^2}$$

以上就是使用最小二乘法求解α、β的过程。

下面我们使用前面的广告投放费用与销售额之间关系的例子,来学习如何在 Python 中进行简单线性回归分析。

2.3.3　使用广告投放费用预测销售额案例

某超市进行了多次广告投放,并记录了每次投放的广告费用及其带来的销售额,如图 2-11 所示。现在公司管理者希望了解,如果投放 20 万元的广告费用,会带来多少销售额?

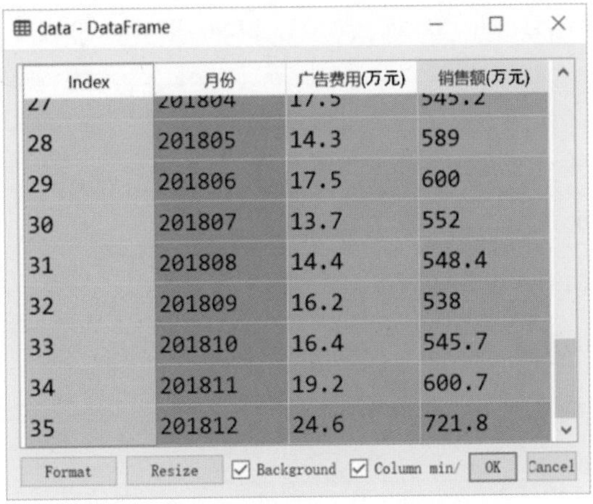

Index	月份	广告费用(万元)	销售额(万元)
27	201804	17.5	545.2
28	201805	14.3	589
29	201806	17.5	600
30	201807	13.7	552
31	201808	14.4	548.4
32	201809	16.2	538
33	201810	16.4	545.7
34	201811	19.2	600.7
35	201812	24.6	721.8

图 2-11　简单线性回归分析案例数据

下面使用回归分析五步法，来解决这个问题。

STEP 01　根据预测目标，确定自变量和因变量

根据一般常识或经验，广告费用投放对销售额有很大的影响。我们的目标就是预测销售额，所以可以将广告费用作为自变量 x，将销售额作为因变量 y，来评估广告费用对销售额的具体影响。在 Python 中需要先对自变量和因变量进行定义，代码如下所示：

代码输入

```
import pandas
data = pandas.read_csv(
    'D:\\PDMBook\\第 2 章 回归模型\\2.3 简单线性回归分析\\线性回归.csv',
    engine='python', encoding='utf8'
)
# 定义自变量
x = data[["广告费用(万元)"]]
# 定义因变量
y = data[["销售额(万元)"]]
```

STEP 02　绘制散点图，确定回归模型类型

通过绘制自变量 x 和因变量 y 的散点图，计算出两者之间的相关系数。再通过散点图和相关系数，确定自变量 x 和因变量 y 之间是否具有线性关系，代码如下所示：

代码输入	结果输出
`# 计算相关系数` `data['广告费用(万元)'].corr(data['销售额(万元)'])`	`0.9377748050928367`
`# 广告费用 作为 x 轴` `# 销售额 作为 y 轴，绘制散点图`	

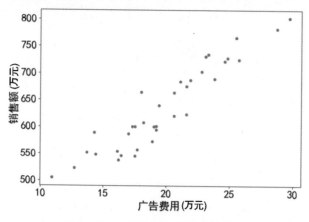

图 2-12　广告费用和销售额散点图

执行代码，显示广告费用和销售额之间的相关系数是 0.93，也就是二者之间具有强线性相关关系。从散点图中也可以看出，两者之间有明显的线性关系，也就是广告投放越大，销售额就越高。

在数据分析的过程中，经常需要通过绘图来分析数据，因此 Pandas 在数据框 DataFrame 中提供了 plot 函数。常用图形都可以通过 plot 函数直接绘制出来，它的常用参数，如图 2-13 所示。

pandas.DataFrame.plot(x=None, y=None, kind='line')	
参数	说明
x	用于绘 x 轴的列名
y	用于绘 y 轴的列名
kind	图形，默认为折线图

图 2-13　plot 函数常用参数

plot 函数可以绘制折线图、柱形图、条形图、饼图、箱线图、散点图等常用图形。使用 kind 参数设置要绘制的图形，如图 2-14 所示。

STEP 03　估计模型参数，建立线性回归模型

在 Python 中使用 sklearn 模块的 LinearRegression 函数，可以方便地对模型进行拟合建模，然后用 fit 函数进行模型的训练。fit 函数常用参数，如图 2-15 所示。

参数	说明
line	折线图
bar	柱形图
barh	条形图
hist	直方图
box	箱线图
pie	饼图
scatter	散点图

图 2-14　plot 函数的 kind 参数的绘图类型

sklearn.linear_model.LinearRegression.fit(X, y)	
参数	说明
X	自变量，又称为特征变量
y	因变量，又称为目标变量

图 2-15　fit 函数常用参数

先导入 sklearn.linear_model 模块中的 LinearRegression 函数，再用 fit 函数进行模型的训练，代码如下所示：

代码输入

```
# 导入 sklearn.linear_model 模块中的 LinearRegression 函数
from sklearn.linear_model import LinearRegression
# 使用线性回归模型进行建模
lrModel = LinearRegression()
# 使用自变量 x 和因变量 y 训练模型
lrModel.fit(x, y)
```

使用训练得到的模型的 "coef_" 属性，即可得到模型的参数 α。使用训练得到的模型的 "intercept_" 属性，即可得到模型的参数 β。需要注意，不要漏掉这两个属性名后面的下画线。

代码输入	结果输出
# 查看参数	
lrModel.coef_	array([[17.31989665]])
# 查看截距	
lrModel.intercept_	array([291.90315808])

至此，就得到了简单线性回归的模型为：

$$销售额 = 17.32 \times 广告费用 + 291.90$$

STEP 04　对回归模型进行检验

精度，是用来表示点和回归模型的拟合程度的指标。一般使用判定系数 R^2 来度量回归模型的拟合精度，也称拟合优度或决定系数。在简单线性回归模型中，它的值等于 y 值和模型计算出来的 $\bar{y}$ 值的相关系数 R 的平方，计算公式如下所示：

$$判定系数 = 重相关系数^2 = corr(\hat{y}, y)^2$$

判定系数用于表示拟合得到的模型能解释因变量变化的百分比，R^2 越接近于 1，表示回归模型拟合效果越好。

在 sklearn 中，直接调用拟合好的模型的 score 函数，即可得到模型的精度 R^2。它的参数有两个：分别是自变量 x 和因变量 y，如图 2-16 所示。

sklearn.linear_model.LinearRegression.score(x, y)	
参数	说明
x	自变量，又称为特征变量
y	因变量，又称为目标变量

图 2-16　score 函数常用参数

使用 score 函数计算模型精度 R^2，代码如下所示：

代码输入	结果输出
# 计算模型的精度	
lrModel.score(x, y)	0.8794215850669083

执行代码，可以看到，模型的精度 R^2 为 0.88，拟合效果非常不错。

STEP 05　利用回归模型进行预测

求解出了回归模型 $y = \alpha x + \beta$ 的参数 α 和 β 之后，就可以使用该回归模型，根据新的 x，去预测未知的 y 了。

把 $x = 20$ 代入回归模型 $y = 17.32x + 291.90$ 中，即可得到预测结果为 638.30。当然，也可以直接使用 predict 函数进行预测，它的参数只有自变量 x，如图 2-17 所示。

sklearn.linear_model.LinearRegression.predict(X)	
参数	说明
X	自变量，又称为特征变量

图 2-17　predict 函数常用参数

使用 predict 函数，把要计算的 x 值作为参数传入，即可得到预测的结果，代码如下所示：

代码输入	结果输出
# 生成预测所需的自变量数据框	

```
pX = pandas.DataFrame({
    '广告费用(万元)': [20]
})
# 对未知的数据进行预测
lrModel.predict(pX)
```

array([[638.30109101]])

2.4　多重线性回归分析

简单线性回归是只考虑单因素影响的预测模型。事实上，影响因素很少只有一个，一般会有多个，而研究一个因变量与多个自变量的线性回归问题，需要用到多重线性回归分析。

经常有朋友分不清多重线性回归与多元线性回归，其实区分它们很简单，就看因变量或自变量的个数。多重线性回归（Mulitiple Linear Regression）模型是指包含两个或两个以上自变量的线性回归模型，而多元线性回归（Multivariate Linear Regression）模型则是指包含两个或两个以上因变量的线性回归模型。

多重线性回归模型为：

$$y = \alpha_1 x_1 + \alpha_2 x_2 + \cdots + \alpha_n x_n + \beta + e$$

式中：

　　y　　因变量

　　x_i　　第 i 个自变量

　　α_i　　第 i 个偏回归系数

　　β　　常数项，是回归直线在纵坐标轴上的截距

　　e　　随机误差，即随机因素对因变量所产生的影响

和简单线性回归类似，偏回归系数 α_1 是指在其他自变量保持不变的情况下，自变量 x_1 每变动一个单位引起的因变量 y 的平均变化，$\alpha_2, \cdots, \alpha_n$ 依次类推。

2.4.1　使用最小二乘法求解多重线性回归方程

同样，可以使用最小二乘法，求解多重线性回归方程中的偏回归系数 α 与截距 β。具体的求解过程和简单线性回归类似，假设模型有 n 个自变量，m 个样本。

首先，构建预测值与原始值的残差平方和，公式如下所示：

$$S(\alpha_1, \alpha_2, \ldots, \alpha_n, \beta) = \sum_{i=1}^{m} (\hat{y_i} - y_i)^2 = \sum_{i=1}^{m} (\alpha_1 x_{i1} + \alpha_2 x_{i2} + \cdots + \alpha_n x_{in} + \beta - y_i)^2$$

对每个参数求偏导，求误差平方和最小值，得到以下方程：

$$\begin{cases} \dfrac{\partial S(\alpha_1, \ \alpha_2, \ \dots, \alpha_n, \beta)}{\partial \alpha_1} = 0 \\[3mm] \dfrac{\partial S(\alpha_1, \ \alpha_2, \ \dots, \alpha_n, \beta)}{\partial \alpha_2} = 0 \\ \qquad\qquad \dots \\ \dfrac{\partial S(\alpha_1, \ \alpha_2, \ \dots, \alpha_n, \beta)}{\partial \alpha_n} = 0 \\[3mm] \dfrac{\partial S(\alpha_1, \ \alpha_2, \ \dots, \alpha_n, \beta)}{\partial \beta} = 0 \end{cases}$$

根据误差平方和的计算公式，得到每个参数的偏导函数如下：

$$\begin{cases} \dfrac{\partial S(\alpha_1, \ \alpha_2, \ \dots, \alpha_n, \beta)}{\partial \alpha_1} = 2\sum_{i=1}^{m} x_{i1}(\alpha_1 x_{i1} + \alpha_2 x_{i2} + \dots + \alpha_n x_{in} + \beta - y_i) \\[3mm] \dfrac{\partial S(\alpha_1, \ \alpha_2, \ \dots, \alpha_n, \beta)}{\partial \alpha_2} = 2\sum_{i=1}^{m} x_{i2}(\alpha_1 x_{i1} + \alpha_2 x_{i2} + \dots + \alpha_n x_{in} + \beta - y_i) \\ \qquad\qquad\qquad\qquad\qquad \dots \\ \dfrac{\partial S(\alpha_1, \ \alpha_2, \ \dots, \alpha_n, \beta)}{\partial \alpha_n} = 2\sum_{i=1}^{m} x_{in}(\alpha_1 x_{i1} + \alpha_2 x_{i2} + \dots + \alpha_n x_{in} + \beta - y_i) \\[3mm] \dfrac{\partial S(\alpha_1, \ \alpha_2, \ \dots, \alpha_n, \beta)}{\partial \beta} = 2\sum_{i=1}^{m} (\alpha_1 x_1 + \alpha_2 x_2 + \dots + \alpha_n x_n + \beta - y_i) \end{cases}$$

下面使用 α_1 来演示这个方程组的求导过程：

$$\frac{\partial S(\alpha_1, \ \alpha_2, \ \dots, \alpha_n, \beta)}{\partial \alpha_1} = \frac{\partial \sum_{i=1}^{m}(\alpha_1 x_{i1} + \alpha_2 x_{i2} + \dots + \alpha_n x_{in} + \beta - y_i)^2}{\partial \alpha_1}$$

$$= \frac{\partial(\alpha_1 x_{11} + \alpha_2 x_{12} + \dots + \alpha_n x_{1n} + \beta - y_1)^2}{\partial \alpha_1} + \frac{\partial(\alpha_1 x_{21} + \alpha_2 x_{22} + \dots + \alpha_n x_{2n} + \beta - y_2)^2}{\partial \alpha_1}$$

$$+ \dots + \frac{\partial(\alpha_1 x_{n1} + \alpha_2 x_{n2} + \dots + \alpha_n x_{mn} + \beta - y_m)^2}{\partial \alpha_1}$$

$$= 2x_{11}(\alpha_1 x_{11} + \alpha_2 x_{12} + \dots + \alpha_n x_{1n} + \beta - y_1)$$

$$+ 2x_{21}(\alpha_1 x_{21} + \alpha_2 x_{22} + \dots + \alpha_n x_{2n} + \beta - y_2) + \dots$$

$$+ 2x_{m1}(\alpha_1 x_{m1} + \alpha_2 x_{m2} + \dots + \alpha_n x_{mn} + \beta - y_m)$$

$$= 2\sum_{i=1}^{m} x_{i1}(\alpha_1 x_{i1} + \alpha_2 x_{i2} + \dots + \alpha_n x_{in} + \beta - y_i)$$

$\alpha_2, \alpha_3, \dots \alpha_n, \beta$ 的求偏导过程与此类似，这里就不一一演示了。要求的误差平方和的值为 0，因此使每个参数的偏导函数等于 0 即可，于是可得以下方程组：

$$\begin{cases} \dfrac{\partial S(\alpha_1,\ \alpha_2,\ \dots,\alpha_n,\beta)}{\partial \alpha_1} = 2\sum_{i=1}^{m} x_{i1}(\alpha_1 x_{i1} + \alpha_2 x_{i2} + \cdots + \alpha_n x_{in} + \beta - y_i) = 0 \\[2mm] \dfrac{\partial S(\alpha_1,\ \alpha_2,\ \dots,\alpha_n,\beta)}{\partial \alpha_2} = 2\sum_{i=1}^{m} x_{i2}(\alpha_1 x_{i1} + \alpha_2 x_{i2} + \cdots + \alpha_n x_{in} + \beta - y_i) = 0 \\[2mm] \qquad\qquad\qquad\cdots \\[1mm] \dfrac{\partial S(\alpha_1,\ \alpha_2,\ \dots,\alpha_n,\beta)}{\partial \alpha_n} = 2\sum_{i=1}^{m} x_{in}(\alpha_1 x_{i1} + \alpha_2 x_{i2} + \cdots + \alpha_n x_{in} + \beta - y_i) = 0 \\[2mm] \dfrac{\partial S(\alpha_1,\ \alpha_2,\ \dots,\alpha_n,\beta)}{\partial \beta} = 2\sum_{i=1}^{m} (\alpha_1 x_1 + \alpha_2 x_2 + \cdots + \alpha_n x_n + \beta - y_i) = 0 \end{cases}$$

把上面线性方程组变形，得到以下线性方程组：

$$\begin{cases} \alpha_1 \sum_{i=1}^{m} x_{i1}x_{i1} + \alpha_2 \sum_{i=1}^{m} x_{i1}x_{i2} + \cdots + \alpha_n \sum_{i=1}^{m} x_{i1}x_{in} + m\beta = \sum_{i=1}^{m} x_{i1}y_i \\[2mm] \alpha_1 \sum_{i=1}^{m} x_{i2}x_{i1} + \alpha_2 \sum_{i=1}^{m} x_{i2}x_{i2} + \cdots + \alpha_n \sum_{i=1}^{m} x_{i2}x_{in} + m\beta = \sum_{i=1}^{m} x_{i2}y_i \\[2mm] \qquad\qquad\qquad\cdots \\[1mm] \alpha_1 \sum_{i=1}^{m} x_{in}x_{i1} + \alpha_2 \sum_{i=1}^{m} x_{im}x_{i2} + \cdots + \alpha_n \sum_{i=1}^{m} x_{im}x_{in} + m\beta = \sum_{i=1}^{m} x_{in}y_i \\[2mm] \alpha_1 \sum_{i=1}^{m} x_{i1} + \alpha_2 \sum_{i=1}^{m} x_{i2} + \cdots + \alpha_n \sum_{i=1}^{m} x_{in} + m\beta = \sum_{i=1}^{m} y_i \end{cases}$$

求解这个方程组，可得：

$$\boldsymbol{\alpha} = (X'X)^{-1}X'Y$$

其中：

$$\boldsymbol{\alpha} = \begin{bmatrix} \alpha_1 \\ \alpha_2 \\ \vdots \\ \alpha_m \\ \beta \end{bmatrix}$$

$$X = \begin{bmatrix} x_{11} & x_{21} & \dots & x_{m1} & 1 \\ x_{12} & x_{22} & \dots & x_{m2} & 1 \\ \vdots & \vdots & \vdots & \vdots & 1 \\ x_{1n} & x_{2n} & \dots & x_{mn} & 1 \end{bmatrix}$$

$$Y = \begin{bmatrix} y_1 \\ y_2 \\ \vdots \\ y_m \end{bmatrix}$$

多重线性回归的参数求解过程比较复杂，但是如果使用 sklearn 模块来求解，则难度和求解简单线性回归参数差不多。下面我们来看一个应用多重线性回归的案例。

2.4.2 使用广告投放费用与客流量预测销售额案例

某超市进行了多次广告投放，并记录了每次投放的广告费用、客流量以及其带来的销售额，如图 2-18 所示。公司管理者希望了解，如果投入广告费用为 20.0 万元，客流量为 5.0 万人次时，可以带来多少销售额。

Index	月份	广告费用(万元)	客流量(万元)	销售额(万元)
17	201706	21.6	9.6	674.8
18	201707	19.4	8.7	639.2
19	201708	19	9	600
20	201709	21.6	9.3	623
21	201710	20.6	10.2	663.3
22	201711	21.1	10.1	684
23	201712	23.8	11.2	689
24	201801	23.1	13.7	731

图 2-18　多重线性回归案例数据

下面按照回归分析五步法，来解决这个问题。

STEP 01　根据预测目标，确定自变量和因变量

在简单线性回归中只考虑一个广告费用因素对超市销售额的影响，现再加入另一个因素：客流量。根据一般超市的经营经验，超市每天的客流量对销售成交有极大的影响，超市客流量大，成交也相应大，因此超市客流量也是影响总体销售额的一个因素。将客流量影响因素纳入模型，能够更全面地衡量销售额。

可以将“广告费用”“客流量”这两个变量作为自变量，将“销售额”作为因变量，建立多重线性回归模型。在 Python 中需要先对自变量和因变量进行定义，代码如下所示：

代码输入

```
import pandas
data = pandas.read_csv(
    'D:\\PDMBook\\第 2 章 回归模型\\2.4 多重线性回归分析\\线性回归.csv',
    engine='python', encoding='utf8'
)
# 定义自变量
x = data[["广告费用(万元)", "客流量(万人次)"]]
# 定义因变量
y = data[["销售额(万元)"]]
```

STEP 02　绘制散点图，确定回归模型类型

　　分别计算广告费用和销售额，以及客流量和销售额的相关系数，并绘制散点图（如图 2-19 和图 2-20 所示），代码如下所示：

代码输入	结果输出
# 计算相关系数 data['广告费用(万元)'].corr(data['销售额(万元)'])	0.9377748050928367
data['客流量(万元)'].corr(data['销售额(万元)'])	0.9213105695705346

# 广告费用　作为 x 轴 	
# 销售额　　作为 y 轴，绘制散点图 	
data.plot('广告费用(万元)', '销售额(万元)', kind='scatter')	

# 客流量　　作为 x 轴 	
# 销售额　　作为 y 轴，绘制散点图 	
data.plot('客流量(万人次)', '销售额(万元)', kind='scatter')	

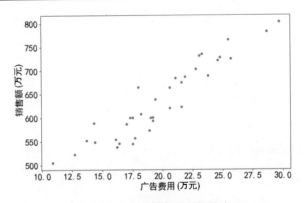

图 2-19　广告费用与销售额散点图

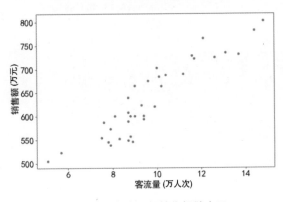

图 2-20　客流量与销售额散点图

　　可以看到，它们的相关系数都大于 0.9，就是说它们有强正线性相关关系。通过查看它们的散点图，也可以看到，它们存在明显的线性相关关系。

STEP 03 估计模型参数，建立线性回归模型

和简单线性回归一样，使用 sklearn.linear_model 模块中的 LinearRegression 函数进行多重线性回归模型求解，代码如下所示：

代码输入

```
# 导入 sklearn.linear_model 模块中的 LinearRegression 函数
from sklearn.linear_model import LinearRegression
# 使用线性回归模型进行建模
lrModel = LinearRegression()
# 使用自变量 x 和因变量 y 训练模型
lrModel.fit(x, y)
```

由训练得到的模型的 coef_属性，即可得到模型的参数 α；由训练得到的模型的 intercept_属性，即可得到模型的参数 β，代码如下所示：

代码输入	结果输出
# 查看参数 `lrModel.coef_`	array([[10.80453641, 13.97256004]])
# 查看截距 `lrModel.intercept_`	array([285.60371828])

然后，就可以得到多重线性回归模型：

$$销售额 = 10.80 \times 广告费用 + 13.97 \times 客流量 + 285.60$$

STEP 04 对回归模型进行检验

直接使用 score 函数计算训练得到的模型的精度，代码如下所示：

代码输入	结果输出
# 计算模型的精度 `lrModel.score(x, y)`	0.9026563046475116

执行代码，可以看到，模型的精度 R^2 为 0.90，拟合效果非常不错。

STEP 05 利用回归模型进行预测

解出模型的参数后，就可以计算，当广告费用为 20.0 万元，客流量为 5.0 万人次时，可以带来多少销售额。直接使用 predict 函数，把自变量作为参数传入，代码如下所示：

代码输入

```
pX = pandas.DataFrame({
    '广告费用(万元)': [20],
    '客流量(万人次)': [5]
})
```

pX	广告费用(万元)	客流量(万人次)
	20	5
# 对未知的数据进行预测 `lrModel.predict(pX)`	array([[571.55724658]])	

　　执行代码，可以看到，当投入广告费用为 20.0 万元，客流量为 5.0 万人次时，将带来 619.08 万元的销售额。

2.5　一元非线性回归

　　一元非线性回归是对多重线性回归的补充。在现实的应用场景中，变量之间的关系，也常常以非线性（例如曲线）的方式出现。在回归方程中，如果只包括一个自变量和一个因变量，且二者的关系可用一条曲线近似表示，则这种回归就称为一元非线性回归。

　　例如，某个产品上线的天数，与每天活跃用户数之间的关系，就是一个非线性关系。绘制出来的图形，如图 2-21 所示。

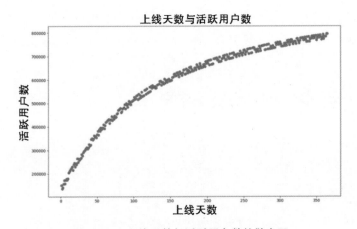

图 2-21　上线天数与活跃用户数的散点图

2.5.1　一元非线性回归模型

　　常用的一元非线性方程如下所示：

　　一元二次方程：$y = a_2 x^2 + a_1 x^1 + a_0 x^0$

　　一元三次方程：$y = a_3 x^3 + a_2 x^2 + a_1 x^1 + a_0 x^0$

　　……

　　一元 n 次方程：$y = a_n x^n + a_{n-1} x^{n-1} + \cdots + a_1 x^1 + a_0 x^0$

　　因此，一元非线性回归模型的通用表达式为：

$$y = a_n x^n + a_{n-1} x^{n-1} + \cdots + a_1 x^1 + a_0 x^0$$

　　一般我们不直接求解一元非线性方程，而是将一元非线性方程转换为多重线性方程来求解。这个过程是怎样的呢？

泰勒定理

英国数学家泰勒在 1717 年提出了泰勒定理。泰勒定理用一句话描述就是，可以使用一个多项式函数去拟合一条光滑的曲线。它的表达式如下所示：

$$f(x) = \sum_{n=0}^{N} \frac{f^{(n)}(a)}{n!} (x-a)^n + R_n(x)$$

其中可以将 $\frac{f^{(n)}(a)}{n!}$ 理解为常数项 a_n，因为 a 是一个常数，所以 $(x-a)^n$ 也可以写作 x^n。$R_n(x)$ 是一个无限趋近于 0 的数。因此：

$$y = f(x) \approx a_n x^n + a_{n-1} x^{n-1} + \cdots + a_1 x^1 + a_0 x^0$$

也就是说，对于任意一条光滑的曲线，都可以找到一组多项式函数，来近似地拟合它。

2.5.2　一元非线性回归模型求解

假设要拟合的方程为：

$$y = a_2 x^2 + a_1 x^1 + a_0 x^0$$

为了让这个方程变为线性方程，可以把它转换为以下形式：

$$y = a_2 \bar{x}_2 + a_1 \bar{x}_1 + a_0 \bar{x}_0$$

其中，

$$\begin{cases} \bar{x}_0 = x^0 \\ \bar{x}_1 = x^1 \\ \bar{x}_2 = x^2 \end{cases}$$

转换的好处就是可以把复杂的一元非线性方程，变为简单的多重线性方程，这样就可以使用求解多重线性方程的方法，来求解一元非线性方程。通用转换公式如下所示：

$$y = a_0 x^0 + a_1 x^1 + a_2 x^2 + \cdots + a_n x^n \rightarrow y = a_0 \bar{x}_0 + a_1 \bar{x}_1 + a_2 \bar{x}_2 + \cdots + a_n \bar{x}_n$$

其中，

$$\begin{cases} \bar{x}_0 = x^0 \\ \bar{x}_1 = x^1 \\ \bar{x}_2 = x^2 \\ \vdots \\ \bar{x}_n = x^n \end{cases}$$

图 2-22 显示了将一元非线性方程转换为多重线性方程的过程。

x	y
1	150748
2	136157
3	141557
4	156946
5	172321
6	157677
7	173013
…	…

x	x^0	x^1	x^2	…	x^n	y
1	1^0	1^1	1^2	…	1^n	150748
2	2^0	2^1	2^2	…	2^n	136157
3	3^0	3^1	3^2	…	3^n	141557
4	4^0	4^1	4^2	…	4^n	156946
5	5^0	5^1	5^2	…	5^n	172321
6	6^0	6^1	6^2	…	6^n	157677
7	7^0	7^1	7^2	…	7^n	173013
…	…	…	…	…	…	…

图 2-22　将一元非线性方程转换为多重线性方程

2.5.3　使用上线天数预测活跃用户数案例

某产品上线后，记录该产品每天的活跃用户数。在该产品上线一周年时，得到如图 2-23 所示的数据。现在公司希望预测，到第二年年底，活跃用户数能达到多少？

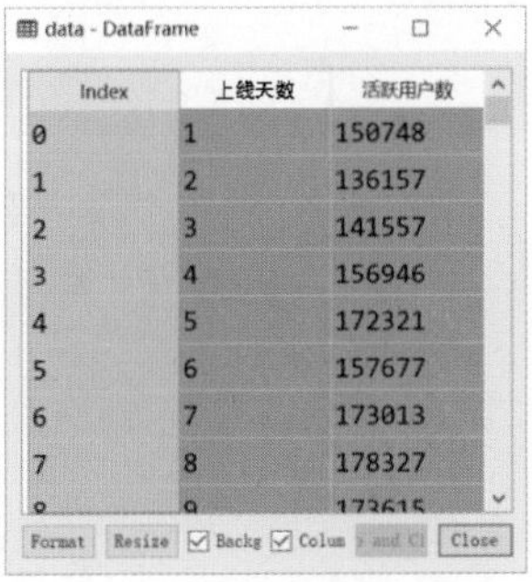

Index	上线天数	活跃用户数
0	1	150748
1	2	136157
2	3	141557
3	4	156946
4	5	172321
5	6	157677
6	7	173013
7	8	178327

图 2-23　一元非线性回归案例数据

仍然使用五步法来求解。

STEP 01　根据预测目标，确定自变量和因变量

在一元非线性回归中，只有一个自变量，在该案例中，就是产品的上线天数，因变量则是活跃用户数，具体代码如下所示：

代码输入

```
import pandas
data = pandas.read_csv(
    'D:\\PDMBook\\第 2 章 回归模型\\2.5 一元非线性回归\\一元非线性回归.csv',
    engine='python', encoding='utf8'
)
x = data[["上线天数"]]
y = data[["活跃用户数"]]
```

STEP 02 **绘制散点图，确定回归模型类型**

以上线天数作为 x 轴，活跃用户数作为 y 轴，绘制散点图，代码如下所示：

代码输入

```python
import matplotlib.pyplot as plt
from matplotlib.font_manager import FontProperties
font = FontProperties(
    fname="D:\\PDMBook\\SourceHanSansCN-Light.otf",
    size=25
)
#新建一个绘图窗口
plt.figure()
#设置图形标题
plt.title(
    '上线天数与活跃用户数',
    fontproperties=font
)
#设置 x 轴标签
plt.xlabel(
    '上线天数',
    fontproperties=font
)
#设置 y 轴标签
plt.ylabel(
    '活跃用户数',
    fontproperties=font
)
plt.scatter(x, y)
plt.show()
```

执行代码，即可得到如图 2-24 所示的散点图。

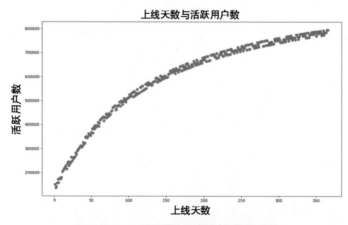

图 2-24　上线天数与活跃用户数散点图

可以看到，上线天数与活跃用户数之间的关系，是一个曲线的关系。

STEP 03　估计模型参数，建立回归模型

我们知道，对于每一条光滑的曲线，都可以找到一个一元多项式来近似表示它。但是不同的多项式，对模型的拟合程度不一样，因此我们需要对所有可能的多项式进行尝试，看看哪个多项式的效果更好。

首先，我们做二重线性回归，代码如下所示：

代码输入

```
#尝试二重线性回归
data['x0'] = data.上线天数.pow(0)
data['x1'] = data.上线天数.pow(1)
data['x2'] = data.上线天数.pow(2)
```

执行代码，得到数据如图 2-25 所示。

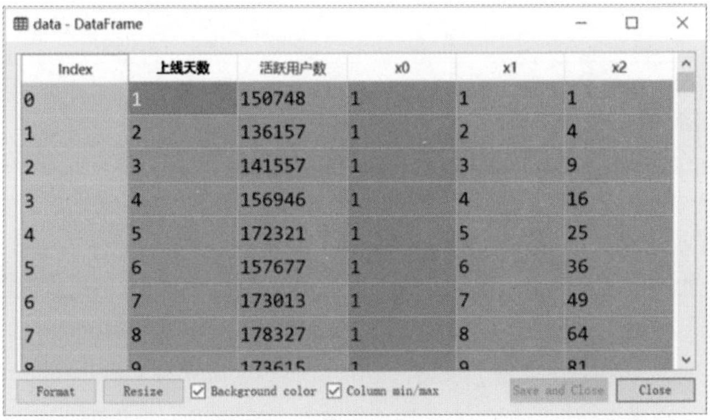

Index	上线天数	活跃用户数	x0	x1	x2
0	1	150748	1	1	1
1	2	136157	1	2	4
2	3	141557	1	3	9
3	4	156946	1	4	16
4	5	172321	1	5	25
5	6	157677	1	6	36
6	7	173013	1	7	49
7	8	178327	1	8	64
8	9	173615	1	9	81

图 2-25　使用二项式线性模型近似拟合的数据

然后，进行二重线性回归建模，代码如下所示：

代码输入　　**结果输出**

```
x = data[['x0', 'x1', 'x2']]
y = data[["活跃用户数"]]
from sklearn.linear_model import LinearRegression
lrModel = LinearRegression()
lrModel.fit(x, y)
lrModel.score(x, y)                                   0.9874257028384328
```

可以看到，进行二重线性回归拟合后，我们得到了一个不错的分数。下面，我们再尝试进行三重线性回归拟合，代码如下所示：

代码输入

```
data['x3'] = data.上线天数.pow(3)
```

执行代码，得到数据如图 2-26 所示。

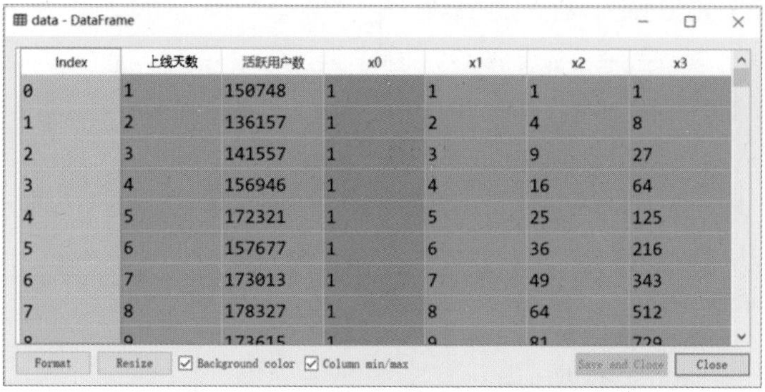

图 2-26　使用三项式线性模型近似拟合的数据

然后，进行三重线性回归建模，代码如下所示：

代码输入	结果输出
x = data[['x0', 'x1', 'x2', 'x3']] y = data[["活跃用户数"]] from sklearn.linear_model import LinearRegression lrModel = LinearRegression() lrModel.fit(x, y) lrModel.score(x, y)	 0.9971343403961415

可以看到，使用三重线性回归去近似拟合非线性回归，比使用二重线性回归去近似拟合，效果有不错的提升。

一般来说，当使用多重线性回归去近似拟合非线性回归时，多项式的阶数越高，效果越好，但达到最好的效果后，拟合的效果又会回落，是一个先升后降的过程。

在找出最好的多项式的阶数之前，我们先来学习一个特征处理的方法。进行多项式特征处理，就是把多项式方程 $y = a_n x^n + \cdots + a_2 x^2 + a_1 x^1 + a_0 x^0$，转换为多重线性方程 $y = a_n \bar{x}_n + \cdots + a_2 \bar{x}_2 + a_1 \bar{x}_1 + a_0 \bar{x}_0$ 的过程，其中，需要进行的特征处理如下所示：

$$
\begin{cases}
\bar{x}_0 = x^0 \\
\bar{x}_1 = x^1 \\
\bar{x}_2 = x^2 \\
\quad \vdots \\
\bar{x}_n = x^n
\end{cases}
$$

可以使用 sklearn.preprocessing.PolynomialFeatures 类来完成处理，该类的参数如图 2-27 所示。

sklearn.preprocessing.PolynomialFeatures(degree=2)	
参数	说明
degree	多项式的阶次，默认值为2

图 2-27　PolynomialFeatures 类的常用参数

PolynomialFeatures 类的使用方法如下所示：

代码输入

```
from sklearn.preprocessing import PolynomialFeatures
polynomialFeatures = PolynomialFeatures(degree=4)
x = data[["上线天数"]]
x_4 = polynomialFeatures.fit_transform(x)
```

执行代码，得到如图 2-28 所示的转换结果。

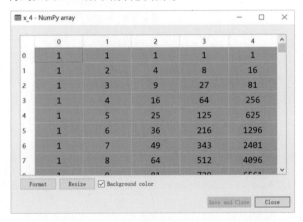

图 2-28　使用四项式线性模型近似拟合的数据

可以看到，特征转换代码变少了。下面，我们就使用 PolynomialFeatures 类来进行多项式特征处理。我们从 2 阶开始尝试，一直尝试到 20 阶，看看拟合的效果分别如何，代码如下所示：

代码输入

```
x = data[["上线天数"]]
ds = []
scores = []
for d in range(2, 20):
    ds.append(d)
    polynomialFeatures = PolynomialFeatures(degree=d)
    x_d = polynomialFeatures.fit_transform(x)
    lrModel = LinearRegression()
    lrModel.fit(x_d, y)
```

```
    scores.append(lrModel.score(x_d, y))

dScores = pandas.DataFrame({
    '阶次': ds,
    '模型得分': scores
})
```

执行代码，即可得到如图 2-29 所示的结果。

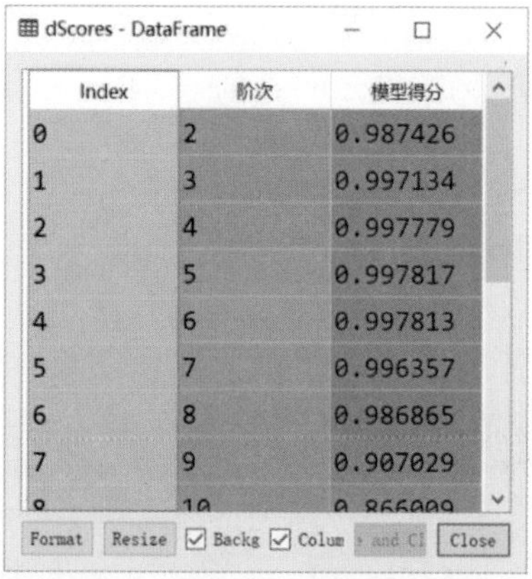

Index	阶次	模型得分
0	2	0.987426
1	3	0.997134
2	4	0.997779
3	5	0.997817
4	6	0.997813
5	7	0.996357
6	8	0.986865
7	9	0.907029
8	10	0.866009

图 2-29　不同阶次下的模型拟合得分

使用这些数据绘制散点图：

代码输入

```
#新建一个绘图窗口
plt.figure()
#设置图形标题
plt.title('多项式阶次与模型得分', fontproperties=font)
#设置 x 轴标签
plt.xlabel('模型得分', fontproperties=font)
#设置 y 轴标签
plt.ylabel('模型得分', fontproperties=font)
plt.scatter(ds, scores)
plt.show()
```

执行代码，得到如图 2-30 所示的结果。

可以看到，在阶次 5 之前，模型随着阶次的增加，得分不断提高，在阶次增加到 6 以后，模型随着阶次的增加，得分反而下降了。通过观察模型的得分，我们发现，在阶次 3 之后，模型的得分虽然有小提升，但是提升的空间非常有限。根据奥卡姆剃刀原则，在模型得分接近的情况下，我们应尽量选择简单的模型，所以，这里我们选择阶次为 3 的模型。

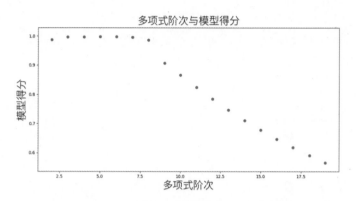

图 2-30 不同阶次下的模型拟合得分散点图

STEP 04 对回归模型进行检验

确定使用三阶的多项式近似拟合非线性函数后，我们来评估模型的效果，代码如下所示：

代码输入	结果输出
x = data[["上线天数"]]	
y = data[["活跃用户数"]]	
polynomialFeatures = PolynomialFeatures(degree=3)	
x_3 = polynomialFeatures.fit_transform(x)	
lrModel = LinearRegression()	
lrModel.fit(x_3, y)	
lrModel.score(x_3, y)	0.9971343403961415

执行代码，可以看到，模型的精度 R^2 为 0.997，拟合效果非常不错。

STEP 05 利用回归模型进行预测

求解出模型的参数后，想要知道产品上线 730 天后，活跃用户数是多少，则需要先将要预测的 x 进行多项式转换，然后再使用 predict 函数进行预测。代码如下所示：

代码输入	结果输出
px = pandas.DataFrame({	
'上线天数': [730]	
})	
px_3 = polynomialFeatures.transform(px)	
lrModel.predict(px_3)	array([[2678185.12799435]])

执行代码，可以看到，产品上线 730 天后，活跃用户数是 2678185。

第3章

分类模型

我们先来了解一下人类的祖先是如何认识日出和日落的。最初他们对这个世界是比较陌生的，他们不知道明天太阳是否会再次升起。于是他们做了一个实验：如果明天日出，就把一块白色的石头扔到一个山洞里；如果没有日出，那么就扔一块黑色的石头。随着时间一天天地过去，山洞里都是白色的石头。于是，我们的祖先就可以肯定地预测，每一天都有日出。

同样，分类算法是解决分类问题的方法，是数据挖掘、机器学习和模式识别中一个重要的研究和应用分支。分类算法通过对已知类别训练集的分析，从中发现分类规则，以此预测新数据的类别。在回归分析中，我们称数据的列为自变量和因变量，对应到分类算法中，则为特征和类别。

3.1　分类模型基础

常用的分类算法有 KNN、贝叶斯分类、决策树、随机森林、SVM、逻辑回归、神经网络等，它们的应用非常广泛。例如，金融业中的风险评估、客户分类，文本挖掘中的文本分类、搜索引擎，安全领域中的入侵检测，电商中的用户流失预测、活动响应分析等。

回归模型和分类模型的区别是：

★ 回归模型的输入称为自变量，而分类模型的输入称为特征，两者意思接近，只是称呼不同而已。

★ 回归模型的输出称为因变量，是一个数值型的变量；而分类模型的输出称为类别，是一个离散型、可枚举的变量，例如 0 和 1，高、中、低，留存、流失等。

★ 回归模型一般使用R^2来评估模型；而分类模型一般使用 K 折交叉验证来评估模型，目的是防止实验评分和实际评分之间存在较大的差异。

★ 有些算法除了可以用于分类预测，也可用于回归预测，例如决策树、SVM、神经网络等。

★ 逻辑回归模型虽然名字带有"回归"两字，但是一般把它归为分类模型，因为它预测的目标是可枚举的离散型变量。

3.1.1 分类模型的建模五步骤

分类模型的建模也可以归纳为五个步骤，如图 3-1 所示。

图 3-1 分类模型五步法

1. 根据业务问题，确定特征和类别

围绕业务问题，明确要预测的目标，然后收集与预测目标相关的特征，初步确定特征和类别。

2. 按算法的要求，对特征进行处理

使用 sklearn 模块进行数据挖掘，要求输入的特征是数值型的变量，如果特征是离散型数据，那么需要通过 One Hot、词向量等特征处理方法，把离散型的特征变换为数值型的特征，再进行建模。还有一些模型，只能为其输入符合特定分布的变量，例如高

斯贝叶斯分类模型，只接受符合高斯分布的特征，这就要求我们在建模的时候，不能使用非高斯分布的特征。

3. 对模型调参，选择最优参数

在回归分析中，基本上不需要对线性回归模型的参数进行调整。而对于分类模型的算法，往往有很多候选参数可选。在实践中一般会使用网格搜索方法，并结合 K 折交叉验证对不同的参数组合进行评估，从中选出最优的参数组合。

4. 评估模型，检验模型效果

评估回归模型常用的指标只有重相关系数R^2，而评估分类模型的指标有很多种，例如准确率、召回率、AUC 等。在实践中往往结合 K 折交叉验证，选择合适的指标以对模型进行科学的评估。

5. 使用分类模型进行预测

模型通过检验后，我们就可以使用所有的样本数据来训练模型，而后把未知类别的数据输入模型中，让其对未知类别的数据进行预测。

3.1.2　分类模型评估指标

回归模型的预测目标是连续型的数据，因此回归模型使用重相关系数来评估模型的拟合程度。而分类模型要预测的目标是离散型的数据，离散型数据不适合使用重相关系数来评估拟合程度。下面我们先来学习如何评估分类模型的拟合程度。

混淆矩阵（Confusion Matrix）

混淆矩阵是一种用来呈现算法性能的矩阵，它的每一行代表真实的分类，每一列代表预测的分类。图 3-2 所示为一个二分类混淆矩阵的案例。

在这个混淆矩阵中，总共有 200 个样本，分类个数为 2，分别是分类 1 和分类 2。真实分类 1 的样本数有 100 个（按行求和），其中有 98 个被模型正确地预测为分类 1，有 2 个被错误地归为分类 2。真实分类 2 的样本数也是 100 个，被错误地分到分类 1 的样本数为 3 个，被正确地分到分类 2 的样本数是 97 个。

为方便讲解分类评估指标，我们把混淆矩阵表示为如图 3-3 所示的形式。

图 3-2　混淆矩阵　　　　　图 3-3　混淆矩阵的一般形式

准确率（Accuracy）

准确率是指模型正确地预测样本的比例，计算公式如下所示：

$$Accuracy = \frac{CM_{11} + CM_{22}}{CM_{11} + CM_{12} + CM_{21} + CM_{22}}$$

如图 3-2 所示的混淆矩阵，正确率为：

$$Accuracy = \frac{98 + 97}{98 + 2 + 3 + 97} = 0.9750$$

准确率是分类模型最常用的指标，在 sklearn 中，调用分类模型的 score 函数计算出来的评估指标，就是正确率。

精确率（Precision）

在一些分类场景中，只有 True 和 False 两种分类，匹配业务研究目标的样本，我们标记为 True，否则标记为 False。例如，如图 3-4 所示的混淆矩阵。

		预测的分类	
		True	False
真实的分类	True	CM_{11}	CM_{12}
	False	CM_{21}	CM_{22}

图 3-4　只有 True 和 False 两种分类的混淆矩阵

举个例子，在用户流失预测的场景中，因为研究的是流失状况，所以如果一个用户流失了，就会被标记为 True，否则被标记为 False。但是在用户留存预测场景中，因为研究的是留存状况，所以如果一个用户流失了，则会被标记为 False，留存了才被标记为 True。我们要根据业务研究的对象，来确定样本究竟是被标注为 True 还是 False。

精确率这个评估指标，用于评估预测是 True 的样本里面，有多少真正是 True 的，可理解为查准率。精确率的计算公式，如下所示：

$$Precision = \frac{CM_{11}}{CM_{11} + CM_{21}}$$

如图 3-2 所示的混淆矩阵，精确率为：

$$Precision = \frac{98}{98 + 3} = 0.9703$$

根据精确率的计算公式，我们可以知道，精确率主要应用于以下场景。

对于用户流失预测场景。用户运营小组需要拿到 1000 名将要流失的高价值用户，可增加对他们的关怀，以避免他们流失。这时，就非常适合使用精确率来评估这 1000 名用户。

对于搜索引擎的场景。我们通过关键词搜索相关网站的信息，搜索引擎给我们返回了 100 个它认为是相关的结果，而我们通过一一阅读，发现只有 89 个结果是相关的，11 个结果是不相关的，那么这个场景也适合使用精确率来评估。

如果我们只考虑预测结果的正确性，则可以使用精确率这个指标。

召回率（Recall）

召回率是指在实际标记为 True 的样本中，预测为 True 的比例是多少。召回率的计算公式如下所示：

$$Recall = \frac{CM_{11}}{CM_{11} + CM_{12}}$$

如图 3-2 所示的混淆矩阵，召回率为：

$$Recall = \frac{98}{98 + 2} = 0.9800$$

召回率的使用场景如下所示。

在电商的推荐系统中，我们向用户推荐了 100 件商品，用户购买了 10 件，则精确率为 10%。但是在所有的商品中，用户可能会购买 1000 件，因为我们只给用户推荐了 100 件，所以用户的召回率只有 1%。

在搜索引擎中，我们通过关键词搜索相关网站的信息，搜索引擎返回了 100 个它认为是相关的结果，但是实际上相关的结果有 1000 个，而且返回的 100 个中，只有 89 个是相关的，那么召回率只有 8.9%。

假设我们需要考虑预测结果与整体样本的匹配度，那么就比较适合使用召回率来评估。

F1 分数

F1 分数是精确率和召回率的调和值，它接近于两个数中较小的那个，所以精确率和召回率接近时，F 值最大。

$$\frac{2}{F1} = \frac{1}{Precision} + \frac{1}{Recall}$$

F1 分数适合用于既要考虑精确率也要考虑召回率的场景。

3.1.3　K 折交叉验证

为了避免实验评估的结果和模型实际部署的效果不一致，我们一般使用交叉验证的方法进行分类模型的评估。在学习什么是交叉验证之前，我们先来了解几个概念。

训练集（Train Set）和测试集（Test Set）

在分类数据挖掘模型中，我们经常把整个数据集分成两部分，分别是训练集和测试集。顾名思义，训练集，就是用来训练模型或确定模型参数的数据集。测试集，是用来验证模型的准确性的数据集，它并不能保证模型的正确性，只是说相似的数据用此模型会得出相似的结果。

训练集和测试集的划分，必须同时满足训练集和测试集的交集为空集、并集为数据集两个条件。在实践中，先根据训练集的大小，从数据集中抽取训练集，然后把剩下的数据作为测试集，即可满足这个划分的要求。

K 折交叉验证（K-fold Cross Validation）

关于交叉验证，一般采用 K 折交叉验证（K-fold Cross Validation），它的验证过程是这样的：

设置 $K = 10$，那么把原来的数据集随机分为 10 份，分别为$\{D_1, D_2, \cdots, D_{10}\}$。

接着，使用 D_1 作为测试集，$\{D_2, D_3, \cdots, D_{10}\}$作为训练集，计算得分 S_1。

继续，使用 D_2 作为测试集，$\{D_1, D_3, \cdots, D_{10}\}$作为训练集，计算得分 S_2。

……

最后，使用 D_{10} 作为测试集，$\{D_1, D_2, \cdots, D_9\}$ 作为训练集，计算得分S_{10}。

得到 $\{S_2, S_2, \cdots, S_{10}\}$10 个得分后，计算这组得分的平均值，作为模型的综合得分。

$$综合得分 = \frac{\sum_{i=1}^{10} S_i}{10}$$

3.2 KNN 模型

现在我们知道了如何评估分类模型，下面来学习一个最简单实用的分类模型，K 最近邻算法。KNN 算法非常简单，这一节我们同时还会学习如何使用 sklearn 来计算分类模型的各项评估指标。

3.2.1 KNN 模型原理

K 最近邻算法，是分类算法中最简单的。它判断未知类别数据的方法，是根据未知数据最近的 K 条记录，统计它们的主要分类，来确定未知类别数据的分类。

如图 3-5 所示，正方形点和三角形点分别代表两种不同的分类，圆形点代表的是未知分类的点。

KNN 算法首先会确定一个 K 值，假设设置 K=3，那么，根据其他点与圆形点的距离，找出最接近圆形点的 3 个点，也就是实线圆圈中圈出来的那三个点。这三个点，一个属于正方形点的分类，两个属于三角形点的分类。根据这个统计结果，KNN 算法认为，圆形点属于三角形点的分类。

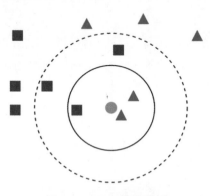

图 3-5 KNN 算法图解

在 KNN 算法中，参数 K 的设置会影响模型的效果，K 值设置得不同，分类的结果也会不一样。假设设置 K=5，则找出来的距离圆形点最近的 5 个点，就包含在虚线的圆圈内。其中有三个正方形点，两个三角形点，所以当 K=5 时，圆形点属于正方形点的分类。

上面我们了解了 KNN 算法的计算过程，下面通过一个实践案例，来学习在 sklearn 模块中如何使用 KNN 算法。

3.2.2　使用商户数据预测是否续约案例

某商铺租赁公司收集了旗下华南地区各个商户的 ID、注册时长、营业收入、成本、是否续约共五个字段的数据集，公司希望根据这份数据，搭建一个可以预测商户是否续约的模型，用于预测其他地区商户是否续约，从而为商务部门的后续招商工作提供判断依据。

1. 导入数据

首先将华南地区的数据作为样本数据，导入 data 变量中，代码如下所示：

代码输入

```
import pandas
#导入数据
data = pandas.read_csv(
    'D:\\PDMBook\\第 3 章 分类模型\\3.4 KNN\\华南地区.csv',
    engine='python', encoding='utf8'
)
```

执行代码，得到的样本数据如图 3-6 所示。第一列为商户 ID，第二列为注册时长，第三列为营收收入，第四列为成本，第五列为是否续约，总共有 1500 个商户数据。

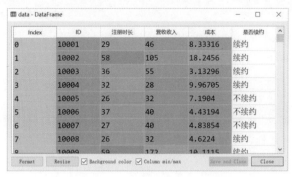

图 3-6　华南地区商户数据

然后，导入需要预测的华北地区数据，代码如下所示：

代码输入

```
import pandas
#导入数据
华北地区数据 = pandas.read_csv(
```

```
    'D:\\PDMBook\\第 3 章 分类模型\\3.4 KNN\\华北地区.csv',
    engine='python', encoding='utf8'
)
```

执行代码，得到华北地区的数据如图 3-7 所示。此时还没有是否续约的目标列，我们需要搭建一个分类模型，来预测商户是否续约。

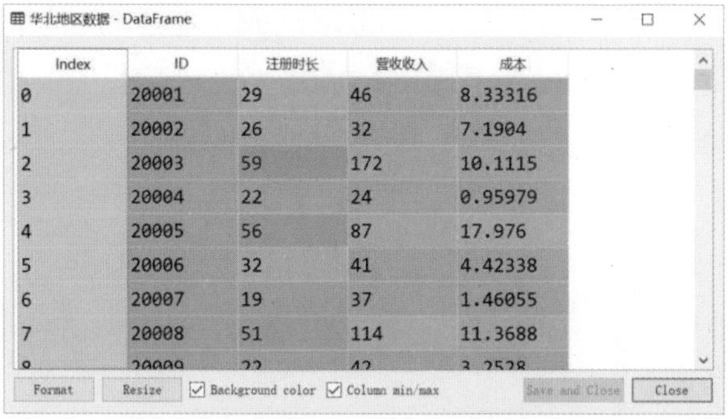

华北地区数据 - DataFrame

Index	ID	注册时长	营收收入	成本
0	20001	29	46	8.33316
1	20002	26	32	7.1904
2	20003	59	172	10.1115
3	20004	22	24	0.95979
4	20005	56	87	17.976
5	20006	32	41	4.42338
6	20007	19	37	1.46055
7	20008	51	114	11.3688

图 3-7　华北地区数据

2. 训练集和测试集的划分

为了避免模型过拟合，即仅在训练数据上获得较好的效果，但使用到实际场景中效果就打折扣，需要把样本数据集划分为训练集和测试集。可以使用 sklearn 模块的 train_test_split 函数来划分数据集，它的常用参数如图 3-8 所示。

sklearn.model_selection.train_test_split(x, y, test_size)	
参数	说明
x	特征数据
y	目标数据
test_size	测试集百分比

图 3-8　train_test_split 函数的常用参数

train_test_split 函数会返回 4 个结果，分别是训练特征集、测试特征集、训练目标集、测试目标集，具体代码如下所示：

代码输入

```
#特征变量
x = data[['注册时长', '营收收入', '成本']]
#目标变量
y = data['是否续约']
from sklearn.model_selection import train_test_split
#把数据集划分为训练集和测试集
x_train, x_test, y_train, y_test = train_test_split(
```

```
    x, y, test_size=0.3
)
```

这里，我们把测试集样本的数量设置为总样本的 30%，那么训练集的样本量就是总样本的 70%。

3. 使用 KNN 模型

sklearn 模块的 KNeighborsClassifier 函数实现了 KNN 算法。KNeighborsClassifier 函数的常用参数如图 3-9 所示。

sklearn.neighbors.KNeighborsClassifier	
参数	说明
n_neighbors	KNN算法中邻居的个数

图 3-9　KNeighborsClassifier 函数的常用参数

我们来感受一下 KNN 算法的效果。设置 n_neighbors 参数为 3，然后训练和评估模型，代码如下所示：

代码输入	结果输出

```from sklearn.neighbors import KNeighborsClassifier```
 `#新建一个 KNN 模型，设置邻居个数为 3`
 `knnModel = KNeighborsClassifier(n_neighbors=3)`
 `#使用训练集训练 KNN 模型`
 `knnModel.fit(x_train, y_train)`	

`#使用测试集测试 KNN 模型` `knnModel.score(x_test, y_test)`	0.6933333333333334

执行代码，可以看到，模型的得分是 0.69，还可以接受的得分。这里使用的评估指标是准确率。

4. 模型评估

评估模型除了可以使用准确率，还可以使用精确率、召回率和 F1 分数等指标。计算这几个指标都需要依赖混淆矩阵，可以使用 sklearn 模块的 confusion_matrix 函数来进行混淆矩阵计算，它的常用参数如图 3-10 所示。

sklearn.metrics.confusion_matrix(y_true, y_pred, labels)	
参数	说明
y_true	行，样本的目标值
y_pred	列，样本的预测值
labels	标签的顺序，用于计算结果的解读

图 3-10　confusion_matrix 函数的常用参数

计算混淆矩阵，需要输入正确的测试目标列以及预测的测试目标列，代码如下所示：

代码输入	结果输出
#预测测试数据集的目标变量	
y_test_predict = knnModel.predict(x_test)	
#计算混淆矩阵	
from sklearn.metrics import confusion_matrix	
confusion_matrix(	array([[225, 82],
y_test, y_test_predict,	[56, 87]], dtype=int64)
labels=['续约', '不续约']	
)	

执行代码，得到对应的混淆矩阵。下面我们来看看，sklearn 如何计算准确率、精确率、召回率和 F1 分数。

sklearn 模块提供了 accuracy_score 函数来计算准确率，它的常用参数如图 3-11 所示。

sklearn.metrics.accuracy_score(y_true, y_pred)	
参数	说明
y_true	行，样本的目标值
y_pred	列，样本的预测值

图 3-11　accuracy_score 函数的常用参数

直接在 accuracy_score 函数中输入正确的测试目标列和预测的测试目标列，即可计算得到准确率，代码如下所示：

代码输入	结果输出
#准确率	
from sklearn.metrics import accuracy_score	
accuracy_score(y_test, y_test_predict)	0.6933333333333334

当然我们也可以直接从混淆矩阵的结果计算正确率，代码如下所示：

代码输入	结果输出
#混淆矩阵	
#array([[225, 82],	
#　　　[56, 87]], dtype=int64)	
(225+87)/(225+82+56+87)	0.6933333333333334

sklearn 模块的 precision_score 函数提供了计算精确率的方法，它的常用参数如图 3-12 所示。

sklearn.metrics.precision_score(y_true, y_pred, pos_label=1)	
参数	说明
y_true	行，样本的目标值
y_pred	列，样本的预测值
pos_label	正样本的标签，默认为1

图 3-12　precision_score 函数的常用参数

　　精确率的计算，因为涉及正样本和负样本的定义问题，所以该函数多了一个参数 pos_label，也就是正样本的标签。这里正样本是续约，代码如下所示：

代码输入	结果输出
#精确率 from sklearn.metrics import precision_score precision_score(y_test, y_test_predict, pos_label="续约")	0.800711743772242

　　当然我们也可以直接从混淆矩阵的结果计算精确率，代码如下所示：

代码输入	结果输出
#混淆矩阵 #array([[225, 82], # [56, 87]], dtype=int64) (225)/(225+56)	0.800711743772242

　　sklearn 模块的 recall_score 函数提供了计算召回率的方法，它的常用参数如图 3-13 所示。

sklearn.metrics.recall_score(y_true, y_pred, pos_label=1)	
参数	说明
y_true	行，样本的目标值
y_pred	列，样本的预测值
pos_label	正样本的标签，默认为1

图 3-13　recall_score 函数的常用参数

　　召回率的计算和精准率类似，直接调用 recall_score 函数即可，代码如下所示：

代码输入	结果输出
#召回率 from sklearn.metrics import recall_score recall_score(y_test, y_test_predict, pos_label="续约")	0.7328990228013029

　　当然我们也可以直接从混淆矩阵的结果计算出召回率，代码如下所示：

代码输入	结果输出
#混淆矩阵 #array([[225, 82],	

```
#      [ 56,  87]], dtype=int64)
(225)/(225+82)                                    0.7328990228013029
```

sklearn 模块的 f1_score 函数提供了计算 F1 值的方法，它的常用参数如图 3-14 所示。

sklearn.metrics.f1_score(y_true, y_pred, pos_label=1)	
参数	说明
y_true	行，样本的目标值
y_pred	列，样本的预测值
pos_label	正样本的标签，默认为1

图 3-14　f1_score 函数的常用参数

F1 分数的计算和精准率类似，直接调用 f1_score 函数即可，代码如下所示：

代码输入	结果输出
#f1 值 from sklearn.metrics import f1_score f1_score(y_test, y_test_predict, pos_label="续约")	0.7653061224489796

当然我们也可以直接从混淆矩阵的结果计算 F1 分数，代码如下所示：

代码输入	结果输出
#混淆矩阵 #array([[225, 82], # [56, 87]], dtype=int64) 2/(1/((225)/(225+56)) + 1/((225)/(225+82)))	0.7653061224489796

如果对总样本只做一次训练集和测试集的划分，是不够客观的，一般需要做 K 折交叉验证。可使用 sklearn 模块的 cross_val_score 函数进行 K 折交叉验证，它的常用参数如图 3-15 所示。

sklearn.metrics.cross_val_score(estimator, X, y, cv=3, scoring="accuracy")	
参数	说明
estimator	要评估的模型
X	特征数据
y	目标数据
cv	K折交叉验证，默认值为3
scoring	评估方法，默认为正确率accuracy

图 3-15　cross_val_score 函数的常用参数

cross_val_score 函数返回 cv 个评分值，默认的 scoring 是准确率，代码如下所示：

代码输入	结果输出
from sklearn.model_selection import cross_val_score knnModel = KNeighborsClassifier(n_neighbors=3) #进行 K 折交叉验证	

```
cvs = cross_val_score(knnModel, x, y, cv=10)
cvs                                          array([0.66887417,
                                             0.64238411, 0.65333333,
                                             0.68, 0.70666667,
                                             0.70666667, 0.73333333,
                                             0.68     , 0.66442953,
                                             0.66442953])
```

执行代码，我们可以看到，10 折交叉验证的结果有大有小，小到 0.64，大到 0.73。我们可以使用 10 折交叉验证得到的均值作为模型的评估指标，代码如下所示：

代码输入	结果输出
`cvs.mean()`	0.680011733854838

可以看到，10 折交叉验证的结果为 0.68，这是一个客观的得分。

5. 参数选择

KNN 模型有一个参数 n_neighbors，在上面的例子中，我们都设置它的值为 3，那么，n_neighbors 到底选择多少合适呢？

在实际的场景中，我们需要遍历所有的候选参数，将得分最优的参数作为最优参数，代码如下所示：

代码输入

```
from sklearn.metrics import make_scorer
#用来保存 KNN 模型的邻居个数
ks = []
#用来保存准确率
accuracy_means = []
#用来保存精确率
precision_means = []
#用来保存召回率
recall_means = []
#用来保存 f1 值
f1_means = []
#n_neighbors 参数，从 2 到 29，一个一个尝试
for k in range(2, 30):
    #把 n_neighbors 参数保存起来
    ks.append(k)
    #改变 KNN 模型的参数 n_neighbors 为 k
    knnModel = KNeighborsClassifier(n_neighbors=k)
    #计算 10 折交叉验证的准确率
    accuracy_cvs = cross_val_score(
        knnModel,
        x, y, cv=10,
        scoring=make_scorer(accuracy_score)
```

```
    )
    #将 10 折交叉验证的准确率的均值保存起来
    accuracy_means.append(accuracy_cvs.mean())
    #计算 10 折交叉验证的精确率
    precision_cvs = cross_val_score(
        knnModel,
        x, y, cv=10,
        scoring=make_scorer(
            precision_score,
            pos_label="续约"
        )
    )
    #将 10 折交叉验证的精确率的均值保存起来
    precision_means.append(precision_cvs.mean())
    #计算 10 折交叉验证的召回率
    recall_cvs = cross_val_score(
        knnModel,
        x, y, cv=10,
        scoring=make_scorer(
            recall_score,
            pos_label="续约"
        )
    )
    #将 10 折交叉验证的召回率的均值保存起来
    recall_means.append(recall_cvs.mean())
    #计算 10 折交叉验证的 F1 分数
    f1_cvs = cross_val_score(
        knnModel,
        x, y, cv=10,
        scoring=make_scorer(
            f1_score,
            pos_label="续约"
        )
    )
    #将 10 折交叉验证的 F1 分数的均值保存起来
    f1_means.append(f1_cvs.mean())

#生成参数对应的模型评分
scores = pandas.DataFrame({
    'k': ks,
    'precision': precision_means,
    'accuracy': accuracy_means,
    'recall': recall_means,
    'f1': f1_means
})
```

执行代码，得到不同的 n_neighbors 参数对应的评分，如图 3-16 中的 scores 数据框所示。

scores - DataFrame

Index	k	precision	accuracy	recall	f1
15	17	0.725153	0.706652	0.866656	0.789384
17	19	0.72169	0.70463	0.871908	0.789352
16	18	0.741535	0.711977	0.839331	0.787024
13	15	0.7244	0.70403	0.861425	0.786811
21	23	0.715078	0.69863	0.87398	0.786279
19	21	0.714979	0.697279	0.870833	0.784966
22	24	0.724413	0.70063	0.852971	0.783296
23	25	0.711071	0.693279	0.871886	0.783018
20	22	0.726196	0.700617	0.848761	0.782532

Format　Resize　Background color　Column min/max　Save and Close　Close

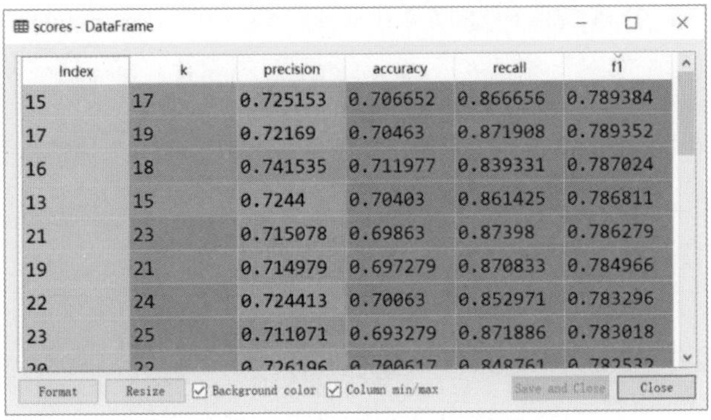

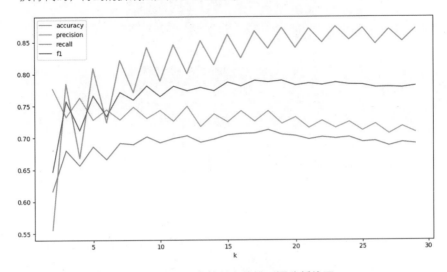

图 3-16　不同参数对应的模型评分

我们也可以通过绘制一个折线图，来展示这些得分。

代码输入

```
#绘制不同参数对应的评分的折线图
scores.plot(
    x='k',
    y=['accuracy', 'precision', 'recall', 'f1']
)
```

执行代码，得到的折线图如图 3-17 所示。

图 3-17　不同参数对应的模型评分折线图

从折线图中可以知道，当 *K* 取值为 17 时，各项指标都趋向于平缓，也就是说，如果 *K* 值继续增加，模型的各项评估指标也不会有很大的变化，而且在此时，F1 分数也达到了最大值，因此，*K* 值选择为 17 即可。

6. 预测未知数据

下面，我们以 n_neighbors=17 建模，并使用所有训练样本来训练模型，然后就可以对未知目标的华北地区的数据进行预测了，代码如下所示：

代码输入

```
#使用最佳参数 n_neighbors=17 建模
knnModel = KNeighborsClassifier(n_neighbors=17)
#使用所有训练样本训练模型
knnModel.fit(x, y)
#对未知的目标数据进行预测
华北地区数据['预测续约'] = knnModel.predict(
    华北地区数据[['注册时长', '营收收入', '成本']]
)
```

执行代码，预测的华北地区的数据如图 3-18 所示。

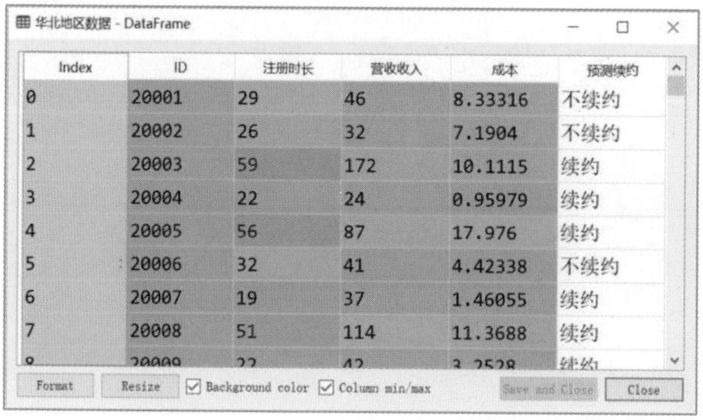

华北地区数据 - DataFrame

Index	ID	注册时长	营收收入	成本	预测续约
0	20001	29	46	8.33316	不续约
1	20002	26	32	7.1904	不续约
2	20003	59	172	10.1115	续约
3	20004	22	24	0.95979	续约
4	20005	56	87	17.976	续约
5	20006	32	41	4.42338	不续约
6	20007	19	37	1.46055	续约
7	20008	51	114	11.3688	续约
8	20009	22	42	3.2528	续约

Format　Resize　Background color　Column min/max　Save and Close　Close

图 3-18　华北地区预测数据结果

3.3　贝叶斯分类

贝叶斯分类的思想，在日常工作中、生活中很常见。

我们判断一台机器是否出现故障，可以以这台机器生产出来的商品是否合格为依据。就是说，一台机器生产的不合格产品越多，它出现故障的可能性也就越大。如果它生产的产品都合格，那么它出故障的概率就很小。

3.3.1 贝叶斯分类的核心概念

我们对某件事情的判断首先有一个概率,这个概率称为先验概率。先验概率是根据经验总结出来的概率值。如果首先没有经验,那么可以将先验概率设置为 50%。随着后面事情的发展,再调整先验概率,得到调整后的概率,这个调整后的概率称为后验概率,使用调整后的后验概率来替换先验概率,则是对这件事情的新认知,这就是贝叶斯分类的基本思想。

贝叶斯分类是一类分类算法的总称,它包括了高斯贝叶斯分类算法、伯努利贝叶斯分类算法以及多项式贝叶斯分类算法。这类算法以贝叶斯定理为基础,故统称为贝叶斯分类。

条件概率(Conditional Probability)

学习贝叶斯定理,首先要了解什么是条件概率。

条件概率,是指在事件 B 发生的前提下,事件 A 发生的概率,用 $P(A|B)$ 来表示。在概率论的教材中,使用如图 3-19 所示的形式来描述条件概率。

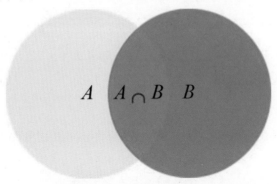

图 3-19 条件概率图示

假设事件 A 发生的概率如黄色的圆圈所示,事件 B 发生的概率如蓝色的圆圈所示。事件 A 和事件 B 不要求是独立的事件,它们同时发生的概率为 $A \cap B$,因此,我们可以知道,在事件 B 发生的前提下,事件 A 发生的概率 $P(A|B) = \frac{P(A \cap B)}{P(B)}$,等价于:

$$P(A \cap B) = P(A|B) \times P(B)$$

贝叶斯定理(Bayes' theorem)

在事件 A 发生的前提下,事件 B 发生的概率 $P(B|A) = \frac{P(A \cap B)}{P(A)}$,等价于:

$$P(A \cap B) = P(B|A) \times P(A)$$

综合上面两个公式，我们知道：

$$P(A|B) \times P(B) = P(B|A) \times P(A)$$

也就是：

$$P(A|B) = \frac{P(B|A) \times P(A)}{P(B)}$$

这就是贝叶斯公式，它包括了先验概率、可能性函数以及后验概率。

先验概率（Prior Probability）

一般，我们在使用贝叶斯公式的时候，喜欢写成这个样子：

$$P(A|B) = P(A) \times \frac{P(B|A)}{P(B)}$$

其中，我们把$P(A)$称为先验概率，意思就是，不管事件 B 是否发生，事件 A 发生的概率为$P(A)$。

后验概率（Posterior Probability）

我们把$P(A|B)$称为后验概率，意思就是，在事件 B 发生之后，我们对事件 A 发生的概率进行重新评估所得的概率。

可能性函数（Likelyhood）

我们把$\frac{P(B|A)}{P(B)}$称为可能性函数，这是一个调整因子，它使得预估概率更接近真实概率。因此，也可以这样来理解贝叶斯定理：

后验概率＝先验概率 × 调整因子

贝叶斯定理的应用案例

两个一模一样的碗，一号碗有 30 颗水果糖和 10 颗巧克力糖，二号碗有水果糖和巧克力糖各 20 颗。如图 3-20 所示。

现在随机选择一个碗，从中摸出 1 颗糖，发现是水果糖。请问这颗水果糖来自一号碗的概率有多大？

这涉及两个步骤，首先是挑碗，我们假设这个事件为 W，抽到一号碗的结果是w_1，抽到二号碗的结果是w_2，由于这两个碗是一样的，所以$P(w_1) = P(w_2) = 0.5$，也就是说，在取出水果糖之前，这两个碗被选中的先验概率相同。

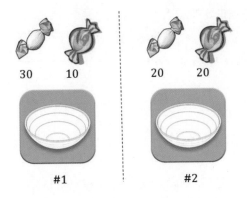

图 3-20　贝叶斯定理应用案例

再假定，T 表示从碗中挑出糖果的事件，事件 t_1 表示挑出的糖果是水果糖，事件 t_2 表示挑出的糖果是巧克力糖。所以问题就变成了在已知 t_1 的情况下，w_1 的概率有多大，即求 $P(w_1|t_1)$。我们把这个概率叫作"后验概率"，即在 t_1 事件发生之后，对 $P(w_1)$ 的修正结果。

根据贝叶斯公式，我们知道：

$$P(w_1|t_1) = P(w_1)\frac{P(t_1|w_1)}{P(t_1)}$$

已知，$P(w_1) = 0.5$，$P(t_1|w_1)$ 为从一号碗中取出水果糖的概率，为 $\frac{30}{30+10} = 0.75$，那么求出 $P(t_1)$ 就可以得到答案。根据全概率公式：

$$P(t_1) = P(t_1|w_1)P(w_1) + P(t_1|w_2)P(w_2)$$

其中，$P(t_1|w_1) = 0.75$，$P(w_1) = 0.5$。$P(t_1|w_2)$ 为从二号碗中挑出水果糖的概率，为 $\frac{20}{20+20} = 0.5$，$P(w_2) = 0.5$，因此：

$$P(t_1) = 0.75 \times 0.5 + 0.5 \times 0.5 = 0.625$$

因此，$P(w_1|t_1) = 0.5 \times \frac{0.75}{0.625} = 0.6$。

3.3.2　朴素贝叶斯分类

下面，我们用数学语言描述贝叶斯分类的数学模型。

假设样本数据中，有 n 个特征，分别用 x_1，x_2，$\cdots$，x_n 表示，有 m 种分类，分别用 y_1，

$y_2, \cdots, y_m$ 表示。根据贝叶斯定理，可以知道，某个样本属于某种分类 y_k 的概率为：

$$P(y_k|x_1, x_2, \ldots, x_n) = P(y_k) \times \frac{P(x_1, x_2, \cdots, x_n|y_k)}{P(x_1, x_2, \cdots, x_n)}$$

现在有一个未知分类的样本 X，想知道它最大概率属于哪个分类，也就是求：

$$f(x_1, x_2, \ldots, x_n) = \arg\max_k P(y_k|x_1, x_2, \cdots, x_n)$$

其中，arg max 符号的意思是，在 k 等于多少的情况下，$P(y_k|x_1, x_2, \cdots, x_n)$ 的值最大。也就是需要求解 m 个 $P(y_k|x_1, x_2, \cdots, x_n)$ 值，然后从中选择最大概率对应的分类，作为未知分类样本 X 的类别。

下面，我们通过一个简单的案例，来了解一下如何求解朴素贝叶斯分类模型。

3.3.3 朴素贝叶斯分类算法在离散型特征上的求解

假设医生看病只考虑两个特征——病人的症状以及职业，根据这两个特征，医生可以诊断出病人患哪种疾病的概率最大。这里收集了一份医生的看病经验表格，总共有 6 个样本，医生已经给每个样本的疾病做出了正确诊断，如图 3-21 所示。

症状	职业	疾病
打喷嚏	护士	感冒
打喷嚏	农夫	过敏
头痛	建筑工人	脑震荡
头痛	建筑工人	感冒
打喷嚏	教师	感冒
头痛	教师	脑震荡

图 3-21　医生看病经验表格

现在来了第 7 位病人，是一位症状为打喷嚏的建筑工人，那么他患上哪种疾病的概率最大呢？

想要知道打喷嚏的建筑工人患上哪种疾病的概率最大，就需要计算出他患上每种疾病的概率分别是多少。我们从图 3-21 所示数据表格可以知道，总共有感冒、过敏和脑震荡这三种疾病，因此，需要求出下面三个概率的大小：

1. 症状是打喷嚏的建筑工人，患感冒的概率是多少？

$$P(疾病 = 感冒|症状 = 打喷嚏, 职业 = 建筑工人)$$

2. 症状是打喷嚏的建筑工人，患过敏的概率是多少？

$$P(疾病 = 过敏 | 症状 = 打喷嚏, 职业 = 建筑工人)$$

3. 症状是打喷嚏的建筑工人，患脑震荡的概率是多少？

$$P(疾病 = 脑震荡 | 症状 = 打喷嚏, 职业 = 建筑工人)$$

根据贝叶斯定理：

$$P(y_k | x_1, x_2, ..., x_n) = P(y_k) \times \frac{P\left(x_1, x_2, \cdots, x_n \big| y_k\right)}{P\left(x_1, x_2, \cdots, x_n\right)}$$

我们来分解 $P(y_k) \times \frac{P\left(x_1, x_2, \cdots, x_n | y_k\right)}{P\left(x_1, x_2, \cdots, x_n\right)}$ 这个式子。

首先是$P(y_k)$，这是每个分类出现的先验概率。它的计算方法是，把样本数据按照分类进行分组，然后统计每个分组的样本个数，即可得到每个分类出现的先验概率。计算公式如下所示：

$$P(y_k) = \frac{y_k 类的样本数量}{样本总数}$$

总共有三个分类：感冒、过敏和脑震荡，那么$P\left(感冒\right) = \frac{感冒的样本数量}{样本总数} = \frac{3}{6}$，同理 $P\left(过敏\right) = \frac{过敏的样本数量}{样本总数} = \frac{1}{6}$，$P\left(脑震荡\right) = \frac{脑震荡的样本数量}{样本总数} = \frac{2}{6}$。可以看到，所有分类的先验概率的总和为 1。

然后是 $P\left(x_1, x_2, \cdots, x_n\right)$，这是每个样本出现的概率。我们知道，世界上不可能存在两个一模一样的物品，因此，样本数据中的每个样本出现的概率是一样的，虽然我们不知道它的大小，但是我们知道概率值都在$(0,1]$，它对我们比较多个 $P(y_k | x_1, x_2, ..., x_n)$ 值的大小不会产生影响。

例如，1、5、3 这三个数字，我们一眼就看出 5 最大，就算它们除以同一个数 0.5，得出 2、10、6 的结果，但还是第二个数最大。

所以，我们可以忽略掉$P\left(x_1, x_2, \cdots, x_n\right)$，不需要计算它的大小。

最后是$P\left(x_1, x_2, \cdots, x_n \big| y_k\right)$，它的意思是，在已知样本属于$y_k$的前提下，$x_1, x_2, \cdots, x_n$ 这个样本出现的概率。这个概率非常难求，$P\left(x_1, x_2, \cdots, x_n\right)$本身就很难求解，再加个条件概率，求解难度更大了。

这种情况下，数据科学家就提出了朴素贝叶斯分类算法。什么是朴素呢？在数学里面，朴素意味着简化，而简化的手段一般是增加假设条件，放弃全局最优解，只关注问题的局部最优解。

朴素贝叶斯假设，样本的特征 $x_1, x_2, \cdots, x_n$ 之间是相互独立的。有了这个假设之后，根据独立事件的联合概率分布的性质，有：

$$P\left(x_1, x_2, \cdots, x_n \middle| y_k\right) = P(x_1|y_k) \times P(x_2|y_k) \times \cdots \times P(x_n|y_k)$$

其中，$P(x_i|y_k)$ 指在已知样本属于 y_k 的前提下，特征 x_i 出现的概率。

如图 3-21 中的数据表格所示，已知病人是感冒的前提下，症状是打喷嚏的概率是：

$$P\left(症状 = 打喷嚏 \middle| 感冒\right) = \frac{感冒样本中，症状 = 打喷嚏的样本数}{感冒样本的总数} = \frac{2}{3}$$

综上所述，朴素贝叶斯分类问题的求解公式可以简化为：

$$f\left(x_1, x_2, \cdots, x_n\right) = \arg\max_k P(y_k) \prod_{i=1}^{n} P(x_i|y_k)$$

因此：

$$P(疾病 = 感冒 \middle| 症状 = 打喷嚏, 职业 = 建筑工人)$$
$$= P(疾病 = 感冒) \times P(疾病 = 打喷嚏 \middle| 疾病 = 感冒) \times P(职业 = 建筑工人 | 疾病 = 感冒)$$

因为：

$$P\left(疾病 = 感冒\right) = \frac{样本中感冒的个数}{样本的总数} = \frac{3}{6}$$

$$P\left(症状 = 打喷嚏 \middle| 疾病 = 感冒\right) = \frac{疾病为感冒的样本中，症状是打喷嚏的个数}{样本中感冒的个数} = \frac{2}{3}$$

$$P\left(职业 = 建筑工人 \middle| 疾病 = 感冒\right) = \frac{疾病为感冒的样本中，职业是建筑工人的个数}{样本中感冒的个数} = \frac{1}{3}$$

所以：

$$P(疾病 = 感冒 \middle| 症状 = 打喷嚏, 职业 = 建筑工人)$$
$$= P(疾病 = 感冒) \times P(疾病 = 打喷嚏 \middle| 疾病 = 感冒) \times P(职业 = 建筑工人 \middle| 疾病 = 感冒)$$
$$= \frac{3}{6} \times \frac{2}{3} \times \frac{1}{3} = \frac{1}{9}$$

同理，其他两个概率为：

$$P(疾病 = 过敏 | 症状 = 打喷嚏, 职业 = 建筑工人)$$

$$= P(疾病 = 过敏) \times P(疾病 = 打喷嚏 | 疾病 = 过敏) \times P(职业 = 建筑工人 | 疾病 = 过敏)$$

$$= 0.17 \times 1 \times 0 = 0$$

$$P(疾病 = 脑震荡 | 症状 = 打喷嚏, 职业 = 建筑工人)$$

$$= P(疾病 = 脑震荡) \times P(疾病 = 打喷嚏 | 疾病 = 脑震荡) \times P(职业 = 建筑工人 | 疾病$$
$$= 脑震荡)$$

$$= 0.5 \times 0 \times 0.5 = 0$$

可以看到，症状是打喷嚏的建筑工人，患感冒的概率最大，为 0.11，因此，打喷嚏的建筑工人患感冒的概率最大。

这里我们需要注意的一点是，病人患感冒、脑震荡、过敏的概率之和并非为 1。这是因为，朴素贝叶斯分类算法假设特征之间是独立的，具体到本例便是，症状和职业无关。很明显，这个假设与现实是矛盾的，大家都知道职业病的存在。但因为每一个类别的概率估算都基于这个假设，所以所受影响也是一样的。因此，这里计算出来的结果只能用于比较属于某个类别的可能性的大小，而非一个真实的概率值。

3.3.4　朴素贝叶斯分类算法在连续型特征上的求解

在上一个案例中，我们知道了如何求解离散型特征的$P(x_i|y)$。但如果特征为连续型的数据，那么$P(x_i|y)$应该怎么求呢？上面我们讲过，朴素贝叶斯分类算法在特征为连续型数据时，根据特征变量的分布类型，又分为高斯贝叶斯分类算法、伯努利贝叶斯分类算法以及多项式贝叶斯分类算法。

高斯贝叶斯分类算法

高斯分布又称为正态分布，这是一种在日常生活和工作中非常常见的分布。例如人的身高、体重、年龄、App 的在线时长、日常消费等，这些特征都符合正态分布。

我们都知道，男性和女性在身高、体重和脚掌的长度这三个特征上有着很大的差别，如图 3-22 中的示例数据所示。

已知某人身高 6 英尺、体重 130 磅、脚掌 8 英寸，那么，请问此人是男是女？

由于身高、体重、脚掌的长度都是连续型特征变量，因此不能采用离散型特征变量的方法计算概率$P(x_i|y)$。由于这三个特征都符合正态分布，因此，我们可以使用高斯分布的概率密度函数来直接求出$P(x_i|y)$。

性别	身高（英尺）	体重（磅）	脚掌（英寸）
男	6	180	12
男	5.92	190	11
男	5.58	170	12
男	5.92	165	10
女	5	100	6
女	5.5	150	8
女	5.42	130	7
女	5.75	150	9

图 3-22　男女性别特征数据

高斯分布（Gaussian Distribution）

所谓高斯分布，就是我们常说的正态分布（Normal Distribution）。若随机变量X服从均值为μ、方差为σ的概率分布，且其概率密度函数为：

$$f(x) = \frac{1}{\sqrt{2\pi\sigma^2}}e^{-\frac{(x-\mu)^2}{2\sigma^2}}$$

则称这个随机变量为正态随机变量，正态随机变量服从的分布就称为正态分布。

在日常生活中，我们的身高、体重、脚掌长度都已经被统计学家证实是符合正态分布的。因此，在这个案例中，可以使用正态分布的概率密度函数进行$P(x_i|y)$的估算，公式如下所示：

$$P(x_i|y_k) = \frac{1}{\sqrt{2\pi\sigma_y{}^2}}e^{-\frac{(x_i-\mu_y)^2}{2\sigma_y{}^2}}$$

其中，x_i是第i个特征值，它符合正态分布；y_k为第k个分类；μ_y为y_k分类下特征值x_i的均值；σ_y为y_k分类下特征值x_i的标准差。

由图 3-22 中的数据可知，样本中有男性和女性两个分类，由此可以计算得到男性的身高均值$\mu_{男} = 5.855$，男性的身高标准差$\sigma_{男} = 0.187$，因此，已知性别为男性，其身高为 6 英尺的概率为：

$$P\left(身高 = 6\middle|性别 = 男性\right) = \frac{1}{\sqrt{2\pi\sigma_y{}^2}}e^{-\frac{(x_i-\mu_y)^2}{2\sigma_y{}^2}} = \frac{1}{\sqrt{2\pi \times 0.187^2}}e^{-\frac{(6-5.855)^2}{2\times0.187^2}} \approx 1.58$$

所以，男性的身高为 6 英尺的概率的相对值等于 1.58（这里为什么说是概率的相对值呢？并且，这个相对值大于 1 了。因为在数学意义上，连续型的数据在每点的概率都是 0，这里的概率密度函数值大小，仅代表取在该点及其邻域内的可能性大小而已）。

其他的特征计算过程与此类似，这里就不一一说明了，最后我们可以计算得到：

$$P\left(性别 = 男 \middle| 身高 = 6, 体重 = 130, 脚掌 = 8\right)$$

$$\approx P\left(男\right) \times \prod_{i=身高}^{身高,体重,脚掌} P\left(x_i \middle| 男\right)$$

$$= P\left(男\right) \times P\left(身高 = 6 \middle| 男\right) \times P\left(体重 = 130 \middle| 男\right) \times P\left(脚掌 = 8 \middle| 男\right) \times P\left(男\right)$$

$$= 6.1984 \times 10^{-9}$$

$$P\left(性别 = 女 \middle| 身高 = 6, 体重 = 130, 脚掌 = 8\right)$$

$$\approx P\left(女\right) \times \prod_{i=身高}^{身高,体重,脚掌} P\left(x_i \middle| 女\right)$$

$$= P\left(女\right) \times P\left(身高 = 6 \middle| 女\right) \times P\left(体重 = 130 \middle| 女\right) \times P\left(脚掌 = 8 \middle| 女\right) \times P\left(女\right)$$

$$= 5.3778 \times 10^{-4}$$

因此，我们可以知道，假设某人身高 6 英尺、体重 130 磅、脚掌 8 英寸，则此人是女性的概率比较大。

伯努利贝叶斯分类算法

在日常生活及工作中，有非常多的特征变量是符合伯努利分布的，例如扔硬币，其结果不是正面就是反面；又如性别，不是男性就是女性。

伯努利分布（Bernoulli Distribution）

伯努利分布又称为二项分布，它是一种离散分布，有两种互斥的结果，分布规律如下：

$$p = \begin{cases} 1 - p & n = 0 \\ p & n = 1 \end{cases}$$

$n = 1$表示成功，出现的概率为p。

$n = 0$表示失败，出现的概率为$q = 1 - p$。

伯努利贝叶斯算法在计算$P(x_i|y)$时，使用的公式如下所示：

$$P(x_i|y) = \begin{cases} x_i = 1 & P(x_i|y) = P(x_i = 1|y) \\ x_i = 0 & P(x_i|y) = 1 - P(x_i = 1|y) \end{cases}$$

它等价于下面的公式：

$$P(x_i|y) = x_i P(x_i|y) + (1 - x_i)(1 - P(x_i|y))$$

当特征变量的数据类型是 0 或 1 这种二值化特征值的时候，就适合使用伯努利贝叶斯分类算法。在日常工作中，因为 sklearn 只支持连续型数据的计算，所以我们需要通过独热编码，把离散型的特征转换为二值化的特征。

独热编码（One Hot Encoding）

独热编码的过程很简单，例如有两列特征变量，分别为性别和颜色。独热编码先把这两列数据去重，然后将它们编码，得到编码后的序列值。之后按照编码的位置，制定转换规则表。最后根据转换规则表，把数据转换为独热编码，具体过程如图 3-23 所示。

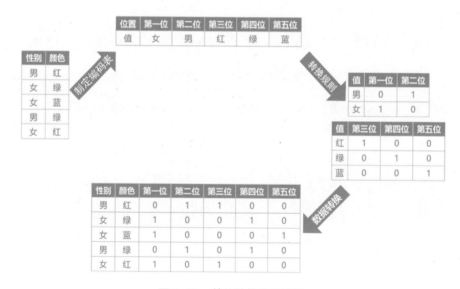

图 3-23　特征独热编码过程

在 sklearn 模块中，可使用 OneHotEncoder 函数进行独热编码，代码如下所示：

代码输入	结果输出

```
import pandas
#读取案例数据到 data 变量
data = pandas.read_csv(
    'D:\\PDMBook\\第 3 章 分类模型\\3.5 贝叶斯分类
\\LabelEncoder.csv',
```

```
    encoding='utf8', engine='python'
)
from sklearn.preprocessing import OneHotEncoder
#新建独热编码器

oneHotEncoder = OneHotEncoder()
#训练独热编码器，得到转换规则

oneHotEncoder.fit(data)
#转换数据

oneHotData = oneHotEncoder.transform(data)
#查看独热编码后的数据

oneHotData.toarray()
```

```
array([[0., 1., 1., 0., 0.],
       [1., 0., 0., 1., 0.],
       [1., 0., 0., 0., 1.],
       [0., 1., 0., 1., 0.],
       [1., 0., 1., 0., 0.]])
```

因为独热编码后，样本的特征数量会变得异常庞大，所以下面我们只使用如图 3-24 所示的简单数据集，来演示伯努利贝叶斯分类算法的计算过程。

性别	喜欢的颜色
男	蓝
女	红
女	红
男	蓝
女	蓝

独热编码 ➡

性别独热编码	喜欢的颜色
[0, 1]	蓝
[1, 0]	红
[1, 0]	红
[0, 1]	蓝
[1, 0]	蓝

图 3-24　演示样本

在这份数据中，特征只有性别，要预测的目标是喜欢的颜色，这里预测男性喜欢什么颜色。

$$P\left(喜欢的颜色 = 蓝 \middle| 性别 = 男\right)$$

$$\approx P\left(喜欢的颜色 = 蓝\right) \times \prod_{i=独热编码}^{第一位到最后一位} P\left(x_i \middle| 喜欢的颜色 = 蓝\right)$$

$$= \frac{3}{5} \times \frac{1}{3} \times \frac{2}{3} = \frac{2}{15}$$

$$P\left(喜欢的颜色 = 红 \middle| 性别 = 男\right)$$

$$\approx P\left(喜欢的颜色 = 红\right) \times \prod_{i=独热编码}^{第一位到最后一位} P\left(x_i \middle| 喜欢的颜色 = 红\right)$$

$$= \frac{2}{5} \times \frac{2}{2} \times \frac{0}{2} = \frac{0}{5}$$

可以看到，男性喜欢蓝色的概率比较大。

多项式贝叶斯分类算法

在日常生活和工作中，并非所有连续型的特征变量都符合正态分布，例如一篇文章中某个单词出现的频次，这个特征是一个连续的特征变量，但是它不符合正态分布。对于这种不符合正态分布的连续型特征，我们可以使用多项式分布的概率密度函数来计算 $P(x_i|y)$。

多项式分布（Multinomial Distribution）

多项式分布是二项分布（伯努利分布）的拓展，二项分布的典型例子是抛硬币，每次实验有正、反两种对立的可能。多项式分布的例子是扔骰子，每次实验有多种可能。假设实验总共有 k 种可能（k 个特征），分别是 $\{x_1, x_2, \cdots, x_k\}$，它们出现的概率分别是 $\{u_1, u_2, \cdots, u_k\}$，总共做了 N 次实验，每种可能出现的次数为 $\{m_1, m_2, \cdots, m_k\}$ 的概率为：

$$P(x_1 = m_1, x_2 = m_2, \cdots, x_k = m_k) = \frac{N!}{m_1! \, m_2! \cdots m_k!} \prod_{i=1}^{k} u_i^{m_i}$$

直接使用多项式分布比较复杂，在文本分类的场景中，一般会对多项式分布的朴素贝叶斯公式做一些简化，例如把 $P(y_k)$ 简化为：

$$P(y_k) = \frac{N_{y_k} + a}{N + ka}$$

式中，N 是总样本数，在文本分类中，它是整体样本的总单词数（重复计数）。k 是总类别数。N_{y_k} 是类别为 y_k 的样本数，在文本分类中，是类别为 y_k 样本的总单词数（重复计数）。α 是平滑值。

同样，在文本分类的场景中，把条件概率 $P(x_i|y_k)$ 简化为：

$$P(x_i|y_k) = \frac{N_{y_k, x_i} + a}{N_{y_k} + na}$$

式中，N_{y_k} 是类别为 y_k 的样本数。n 是特征的维数，在文本分类中，就是单词总数（不重复计数）。N_{y_k,x_i}是类别为y_k的样本中，第i维特征值x_i的样本个数。a是平滑值。

综上所述，在文本分类的场景中，朴素贝叶斯公式被简化为：

$$P(x_1 = m_1, x_2 = m_2, \cdots, x_k = m_k) \approx \prod_{i=1}^{k} \frac{m_i + 1}{N + k}$$

式中，N为单词的总数，k为去除重复值之后的单词总数，m_i是第i个单词出现的次数。分子中的$\alpha = 1$，这样做的目的是为了对数据进行平滑，避免某篇文章中，第i个单词没有出现（它的概率为 0），导致整个连乘式的结果为 0。

下面我们通过一个文本分类的案例，来详细了解多项式贝叶斯分类算法的计算过程。

已有如图 3-25 所示的语料数据，那么文本"我喜欢打高尔夫"属于哪个分类呢？要进行文本分类，首先需要进行文本特征的生成，如图 3-26 所示。

样本编号	文本	分类
1	我喜欢打篮球	运动
2	我喜欢看书	文艺
3	我喜欢打乒乓球	运动
4	我喜欢看漫画	文艺
5	我喜欢打桌球	运动

图 3-25　文本分类演示样本

样本编号	文本	文本特征									分类
		我	喜欢	打	篮球	看	乒乓球	书	漫画	桌球	
1	我喜欢打篮球	1	1	1	1	0	0	0	0	0	运动
2	我喜欢看书	1	1	0	0	1	0	1	0	0	文艺
3	我喜欢打乒乓球	1	1	1	0	0	1	0	0	0	运动
4	我喜欢看漫画	1	1	0	0	1	0	0	1	0	文艺
5	我喜欢打桌球	1	1	1	0	0	0	0	0	1	运动

图 3-26　训练样本文本特征化

然后，对要预测的目标文本进行文本特征化操作，如图 3-27 所示。

样本编号	文本	文本特征									分类
		我	喜欢	打	篮球	看	乒乓球	书	漫画	桌球	
6	我喜欢打高尔夫	1	1	1	1	0	0	0	0	0	?

图 3-27　预测样本文本特征化

可以看到，"高尔夫"这个词，在训练样本中没有出现，因此它不会被纳入文本特征中，文本特征中只会保留训练样本中出现的特征。

最后，根据文本分类场景下的多项式贝叶斯优化公式，可以知道：

$$P\left(分类 = 运动 \middle| 文本 = 我喜欢打高尔夫\right)$$

$$\approx P\left(分类 = 运动\right) \times \prod_{i=我}^{我、喜欢、打、篮球、看、兵乓球、书、漫画、桌球} P\left(x_i \middle| 分类 = 运动\right)$$

因为：

$$P(x_1 = m_1, x_2 = m_2, \cdots, x_k = m_k) \approx \prod_{i=1}^{k} \frac{m_i + 1}{N + k}$$

所以，对运动分类下训练样本进行文本特征化操作后数据如图 3-28 所示。

样本编号	文本	我	喜欢	打	篮球	看	兵乓球	书	漫画	桌球	分类
		文本特征									
1	我喜欢打篮球	1	1	1	1	0	0	0	0	0	运动
3	我喜欢打乒乓球	1	1	1	0	0	1	0	0	0	运动
5	我喜欢打桌球	1	1	1	0	0	0	0	0	1	运动
总计	单词数：6	3	3	3	1		1			1	12

图 3-28　运动分类下训练样本文本特征化

$$P\left(x_i = 我 \middle| 分类 = 运动\right) \approx \frac{m_i + 1}{N + k} = \frac{3 + 1}{12 + 6} = \frac{4}{18}$$

$$P\left(x_i = 喜欢 \middle| 分类 = 运动\right) \approx \frac{m_i + 1}{N + k} = \frac{3 + 1}{12 + 6} = \frac{4}{18}$$

$$P\left(x_i = 打 \middle| 分类 = 运动\right) \approx \frac{m_i + 1}{N + k} = \frac{3 + 1}{12 + 6} = \frac{4}{18}$$

$$P\left(x_i = 篮球 \middle| 分类 = 运动\right) \approx \frac{m_i + 1}{N + k} = \frac{1 + 1}{12 + 6} = \frac{2}{18}$$

$$P\left(x_i = 看 \middle| 分类 = 运动\right) \approx \frac{m_i + 1}{N + k} = \frac{0 + 1}{12 + 6} = \frac{1}{18}$$

$$P\left(x_i = 乒乓球 \middle| 分类 = 运动\right) \approx \frac{m_i + 1}{N + k} = \frac{1 + 1}{12 + 6} = \frac{2}{18}$$

$$P\left(x_i = 书 \middle| 分类 = 运动\right) \approx \frac{m_i + 1}{N + k} = \frac{0 + 1}{12 + 6} = \frac{1}{18}$$

$$P\left(x_i = 漫画 \middle| 分类 = 运动\right) \approx \frac{m_i + 1}{N + k} = \frac{0 + 1}{12 + 6} = \frac{1}{18}$$

$$P\left(x_i = 桌球 \middle| 分类 = 运动\right) \approx \frac{m_i + 1}{N + k} = \frac{1 + 1}{12 + 6} = \frac{2}{18}$$

所以：

$$P\left(\text{分类}=\text{运动}\middle|\text{文本}=\text{我喜欢打高尔夫}\right)$$

$$\approx P\left(\text{分类}=\text{运动}\right)\times\prod_{i=\text{我}}^{\text{我、喜欢、打、篮球、看、乒乓球、书、漫画、桌球}}P\left(x_i\middle|\text{分类}=\text{运动}\right)$$

$$=\frac{3}{5}\times\left(\frac{4}{18}\right)^1\times\left(\frac{4}{18}\right)^1\times\left(\frac{4}{18}\right)^1\times\left(\frac{2}{18}\right)^0\times\left(\frac{1}{18}\right)^0\times\left(\frac{2}{18}\right)^0\times\left(\frac{1}{18}\right)^0\times\left(\frac{1}{18}\right)^0\times\left(\frac{2}{18}\right)^0$$

$$\approx 0.00658$$

同理，对文艺分类下训练样本进行文本特征化操作后数据如图 3-29 所示。

样本编号	文本	文本特征									分类
		我	喜欢	打	篮球	看	乒乓球	书	漫画	桌球	
2	我喜欢看书	1	1	0	0	1	0	1	0	0	文艺
4	我喜欢看漫画	1	1	0	0	1	0	0	1	0	文艺
总计	单词数：5	2	2	0	0	2	0	1	1	0	8

图 3-29　文艺分类下训练样本文本特征化

$$P\left(x_i=\text{我}\middle|\text{分类}=\text{文艺}\right)\approx\frac{m_i+1}{N+k}=\frac{2+1}{8+5}=\frac{3}{13}$$

$$P\left(x_i=\text{喜欢}\middle|\text{分类}=\text{文艺}\right)\approx\frac{m_i+1}{N+k}=\frac{2+1}{8+5}=\frac{3}{13}$$

$$P\left(x_i=\text{打}\middle|\text{分类}=\text{文艺}\right)\approx\frac{m_i+1}{N+k}=\frac{0+1}{8+5}=\frac{1}{13}$$

$$P\left(x_i=\text{篮球}\middle|\text{分类}=\text{文艺}\right)\approx\frac{m_i+1}{N+k}=\frac{0+1}{8+5}=\frac{1}{13}$$

$$P\left(x_i=\text{看}\middle|\text{分类}=\text{文艺}\right)\approx\frac{m_i+1}{N+k}=\frac{2+1}{8+5}=\frac{3}{13}$$

$$P\left(x_i=\text{乒乓球}\middle|\text{分类}=\text{文艺}\right)\approx\frac{m_i+1}{N+k}=\frac{0+1}{8+5}=\frac{1}{13}$$

$$P\left(x_i=\text{书}\middle|\text{分类}=\text{文艺}\right)\approx\frac{m_i+1}{N+k}=\frac{1+1}{8+5}=\frac{2}{13}$$

$$P\left(x_i=\text{漫画}\middle|\text{分类}=\text{文艺}\right)\approx\frac{m_i+1}{N+k}=\frac{1+1}{8+5}=\frac{2}{13}$$

$$P\left(x_i=\text{桌球}\middle|\text{分类}=\text{文艺}\right)\approx\frac{m_i+1}{N+k}=\frac{0+1}{8+5}=\frac{1}{13}$$

所以：

$$P\left(\text{分类} = \text{文艺}\middle|\text{文本} = \text{我喜欢打高尔夫}\right)$$

$$\approx P\left(\text{分类} = \text{文艺}\right) \times \prod_{i=\text{我}}^{\text{我、喜欢、打、篮球、看、乒乓球、书、漫画、桌球}} P\left(x_i\middle|\text{分类} = \text{文艺}\right)$$

$$= \frac{2}{5} \times \left(\frac{3}{13}\right)^1 \times \left(\frac{3}{13}\right)^1 \times \left(\frac{1}{13}\right)^1 \times \left(\frac{1}{13}\right)^0 \times \left(\frac{3}{13}\right)^0 \times \left(\frac{1}{13}\right)^0 \times \left(\frac{2}{13}\right)^0 \times \left(\frac{2}{13}\right)^0 \times \left(\frac{1}{13}\right)^0$$

$$\approx 0.0016385980883022306$$

通过计算我们知道，文本"我喜欢打高尔夫"属于运动分类。

文本计数向量化

要对中文进行文本计数向量化，需要先对中文进行分词操作。中文分词，指的是将一个汉字序列切分成一个一个单独的词。例如，要分词的文本是"我喜欢打高尔夫"，那么分词后，就变成了"我 喜欢 打 高尔夫"。

在英文中，单词之间以空格为自然分界符，而中文中的字、句和段之间能通过明显的分界符来简单划界，唯独词之间没有一个形式上的分界符。虽然英文也同样存在短语的划分问题，不过在词这一级上，中文分词比英文分词要复杂得多、困难得多。

一般使用 jieba 模块的 cut 函数进行中文分词，cut 函数的常用参数如图 3-30 所示。

jieba.cut(sentence)	
参数	说明
sentence	要分词的文本

图 3-30　cut 函数的常用参数

cut 函数的使用方法如下所示：

代码输入	结果输出
```import jieba list(jieba.cut("我喜欢打高尔夫"))```	['我', '喜欢', '打高尔夫']

可以看到，"打高尔夫"被分作一个单词了，这不符合中文的使用习惯。我们可以使用 add_word 函数来强制对"高尔夫"这个词做分词操作。add_word 函数的常用参数如图 3-31 所示。

jieba. add_word(word, freq=None)	
参数	说明
word	要增加的单词
freq	单词的权重，增加权重可以强制对该单词进行切分

图 3–31　add_word 函数的常用参数

add_word 函数的使用方法如下所示：

代码输入	结果输出

```
#给"高尔夫"这个词，设置一个较高的权重
jieba.add_word("高尔夫", freq=1000000)
list(jieba.cut("我喜欢打高尔夫"))
```

['我'，'喜欢'，'打'，'高尔夫']

以上我们学习了如何进行中文分词，下面来学习计数向量化的操作。在 sklearn 模块中，使用 CountVectorizer 函数进行计数向量化的操作。CountVectorizer 函数的常用参数如图 3-32 所示。

sklearn.feature_extraction.text.CountVectorizer(min_df=1,stop_words=None, vocabulary=None, token_pattern='(?u)\b\w\w+\b')	
参数	说明
min_df	词的最小长度，默认为1，只处理长度大于1的词
stop_words	停用词，不加入文本向量中处理的词，默认没有停用词
vocabulary	词汇表，默认为None，处理所有词。如果设置了该参数，那么只处理词汇表中的词
token_pattern	分词正则表达式，默认为"(?u)\b\w\w+\b"，处理以空格分隔的中文需要设置为r"\b\w+\b"

图 3–32　CountVectorizer 函数的常用参数

使用 CountVectorizer 函数之前，需要先使用 jieba 模块对中文进行分词，然后再使用空格把中文的分词连接起来，代码如下所示：

代码输入

```
import jieba
import pandas
#增加词权重，方便分词
jieba.add_word("书", freq=1000000)
jieba.add_word("篮球", freq=100000)
jieba.add_word("乒乓球", freq=100000)
#读取案例数据
data = pandas.read_csv("CountVectorizerDemo.csv")
data['text_cut'] = data.text.apply(
    lambda t: " ".join(jieba.cut(t))
)
```

执行代码，得到分词后的文本，如图 3-33 所示。

图 3-33　分词后的文本数据

进行中文分词后，就可以使用 CountVectorizer 函数来对文本进行计数向量化操作了。
代码如下所示：

代码输入	结果输出
```from sklearn.feature_extraction.text import CountVectorizer``` #新建文本计数向量化器	
```countVectorizer = CountVectorizer(``` ``` min_df=0, token_pattern=r"\b\w+\b"``` ```)``` #训练文本计数向量化器	`[('乒乓球', 0),` `('书', 1),` `('喜欢', 2),` `('我', 3),`
```countVectorizer.fit(data['text_cut'])``` #获取特征词汇表	`('打', 4),` `('桌球', 5),`
```vocabulary = countVectorizer.vocabulary_``` #按照顺序对词字典进行排序显示	`('漫画', 6),` `('看', 7),`
```sorted(vocabulary.items(), key=lambda x: x[1])```	`('篮球', 8)]`

执行代码，生成词汇表。下面根据词汇表生成文本向量，代码如下所示：

代码输入	结果输出
#把文本转换为文本向量	`array([[0, 0, 1, 1, 1, 0, 0, 0, 1],`
```textVector =```	`       [0, 1, 1, 1, 0, 0, 0, 1, 0],`
```countVectorizer.transform(```	`       [1, 0, 1, 1, 1, 0, 0, 0, 0],`
``` data['text_cut']```	`       [0, 0, 1, 1, 0, 0, 1, 1, 0],`
```)```	`       [0, 0, 1, 1, 1, 1, 0, 0, 0]],`
#输出显示文本向量	`       dtype=int64)`
```textVector.toarray()```	

以上我们学习了朴素贝叶斯分类算法的每个知识点。下面通过三个实践案例来学习
如何使用伯努利、高斯和多项式贝叶斯分类算法。

3.3.5　使用议员在议案上的投票记录预测其所属党派案例

为了研究不同党派的议员对议题选择的偏向性，某国国会记录了每个议员对每个议题的投票历史，如图 3-34 所示。现在想根据某个国会议员对每个议题的投票情况，预测该国会议员属于哪个党派。

列名	列意义
ID	唯一性ID
Name	国会议员姓名
Party	国会议员党派
Campaign Finance Overhaul	竞选财务大修
Unemployment and Tax Benefits	失业和税收优惠
Fiscal 2003 Budget Resolution	2003财年预算决议
Permanent Tax Cuts	永久减税
Food Stamps	食品券
Nuclear Waste	核废料
Fiscal 2003 Defense Authorization	2003财政年度国防授权
Abortions Overseas	海外堕胎
Defense Authorization Recommitment	国防授权重新授权
Welfare Renewal	福利更新
Estate Tax Repeal	遗产税废除
Married Couples Tax Relief	已婚夫妇减税
Late Term Abortion Ban	晚期堕胎禁令
Homeland Sec/Union Memb	国土部/联邦成员
Homeland Sec/Civil Service Emp	国土部/公务员队
Homeland Sec/Whistleblower Protections	国土部/举报人保护
Andean Trade	安第斯贸易
Abortion Service Refusals	堕胎服务拒绝
Medical Malpractice Awards	医疗事故奖
Military Support for UN Resolution	军事支持联合国决议

图 3-34　国会议员与议题投票数据集

该挖掘任务的目标是预测国会议员的党派。这里，第三列、第四列一直到最后一列都是特征，代表议员对议题的投票记录，结果可能是 Y（赞同）、N（反对）或者缺失（弃票）。因为特征值都属于是和否这种类型的布尔值，所以可以使用伯努利贝叶斯模型来建模。

在 sklearn 模块中，使用 BernoulliNB 函数进行伯努利贝叶斯模型的建模，代码如下所示：

代码输入	结果输出

```
import pandas
#读取数据到 data 变量中
data = pandas.read_csv(
    'D:\\PDMBook\\第 3 章 分类模型\\3.5 贝叶斯分类\议案投票.csv',
    encoding='utf8', engine='python'
)
#填充缺失值，把所有放弃投票的列填充为字符串 None
```

```
data = data.fillna("None")
#以所有的议题作为特征
features = [
    'Campaign Finance Overhaul', 'Fiscal 2003 Budget Resolution',
    'Unemployment and Tax Benefits', 'Abortions Overseas',
    'Permanent Tax Cuts', 'Food Stamps',
    'Nuclear Waste', 'Fiscal 2003 Defense Authorization',
'Defense Authorization Recommitment',
    'Welfare Renewal', 'Estate Tax Repeal',
    'Married Couples Tax Relief', 'Late Term Abortion Ban',
    'Homeland Sec/Union Memb', 'Medical Malpractice Awards',
'Homeland Sec/Civil Service Emp',
    'Homeland Sec/Whistleblower Protections',
'Andean Trade', 'Abortion Service Refusals',
    'Military Support for UN Resolution'
]
from sklearn.preprocessing import OneHotEncoder
#新建独热编码器
oneHotEncoder = OneHotEncoder()
#训练独热编码器，得到转换规则
oneHotEncoder.fit(data[features])
#转换数据
oneHotData = oneHotEncoder.transform(data[features])

#伯努利贝叶斯
from sklearn.naive_bayes import BernoulliNB
BNBModel = BernoulliNB()

from sklearn.model_selection import cross_val_score
#进行 K 折交叉验证
cvs = cross_val_score(
BNBModel, oneHotData, data['Party'], cv=10
)                                                        0.99
cvs.mean()
```

　　执行代码，可以看到，在 10 折交叉验证中，伯努利贝叶斯模型得了 0.99 分，这是一个非常不错的结果。下面我们计算模型的混淆矩阵，观察模型的预测能力，代码如下所示：

代码输入	结果输出

```
BNBModel = BernoulliNB()
#使用所有数据训练模型
BNBModel.fit(oneHotData, data['Party'])
#对所有的数据进行预测
```

```
data['Predict Party'] = BNBModel.predict(oneHotData)
from sklearn.metrics import confusion_matrix
#计算混淆矩阵，labels 参数可由 BNBModel.classes_ 得到
confusion_matrix(
    data['Party'],
    data['Predict Party'],
    labels=['D', 'R']
)
```

```
array([
[210,   2],
[  1, 223]
], dtype=int64)
```

执行代码，可以看到，模型的预测能力非常不错。

3.3.6　根据商户数据预测其是否续约案例

某商铺租赁公司收集了旗下华南地区各个商户的 ID、注册时长、营业收入、成本、是否续约共五个字段的数据集，如图 3-35 所示。公司希望根据这份数据，搭建一个可以预测商户是否续约的模型，用于预测其他地区商户是否续约，从而为商务部门的后续招商工作提供判断依据。

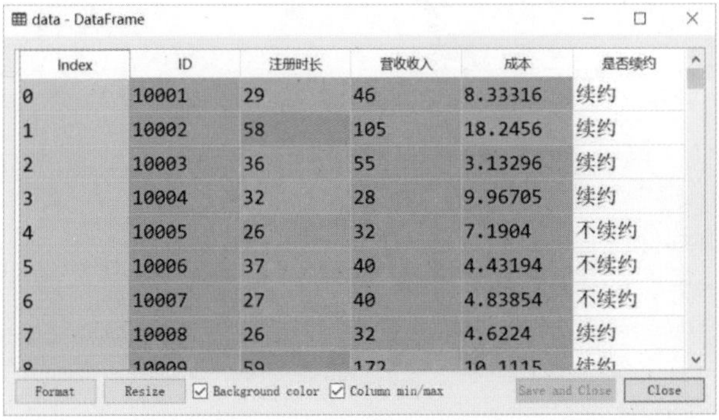

Index	ID	注册时长	营收收入	成本	是否续约
0	10001	29	46	8.33316	续约
1	10002	58	105	18.2456	续约
2	10003	36	55	3.13296	续约
3	10004	32	28	9.96705	续约
4	10005	26	32	7.1904	不续约
5	10006	37	40	4.43194	不续约
6	10007	27	40	4.83854	不续约
7	10008	26	32	4.6224	续约
8	10009	59	172	10.1115	续约

图 3-35　华南地区数据

在 sklearn 模块中，使用 GaussianNB 函数进行高斯贝叶斯模型的建模，代码如下所示：

代码输入　　　　　　　　　　　　　　　　　　　　　　　　结果输出

```
import pandas
#读取数据到 data 变量中
data = pandas.read_csv(
    'D:\\PDMBook\\第 3 章 分类模型\\3.5 贝叶斯分类\高斯贝叶斯.csv',
    encoding='utf8',
    engine='python'
)
features = [
    '注册时长', '营收收入', '成本'
```

```
]
#高斯贝叶斯
from sklearn.naive_bayes import GaussianNB
gaussianNB = GaussianNB()

from sklearn.model_selection import cross_val_score
#进行 K 折交叉验证
cvs = cross_val_score(
    gaussianNB,
    data[features],
    data['是否续约'],
    cv=10
)
cvs.mean()                                                      0.67
```

执行代码，可以看到，高斯贝叶斯模型在这份数据集上做 10 折交叉验证的得分只有 0.67，而 KNN 模型 10 折交叉验证的最佳结果是 0.72。我们使用混淆矩阵来分析一下模型效果不好的原因，代码如下所示：

代码输入	结果输出

```gaussianNB = GaussianNB()```
 ```#使用所有数据训练模型```
 ```gaussianNB.fit(data[features], data['是否续约'])```
 ```#对所有的数据进行预测```
 ```data['预测是否续约'] = gaussianNB.predict(data[features])```
 ```from sklearn.metrics import confusion_matrix```
 ```#计算混淆矩阵，labels 参数可由 gaussianNB.classes_得到```
 ```confusion_matrix(```
 ```   data['是否续约'],```
 ```   data['预测是否续约'],```
 ```   labels=['不续约', '续约']```
 ```)```
	```array([```
	 ```[70, 478],```
	 ```[17, 935]```
	 ```], dtype=int64)```

执行代码，可以看到，模型的预测偏向于续约。对于不续约的 548 个商户，正确预测了 70 个，错误预测了 478 个。

3.3.7 根据新闻文本预测其所属分类案例

最后，我们来看一个文本分类的案例，该案例使用多项式贝叶斯算法。文本分类的案例数据一般只有两列，第一列为文本类别，第二列为文本内容，如图 3-36 所示。在这份样本数据中，一共有 10 个分类，每个分类中有 10 篇文章。

图 3-36　文本分类数据

在 sklearn 模块中，使用 MultinomialNB 函数进行多项式贝叶斯的建模，代码如下所示：

代码输入	结果输出

```
import jieba
import pandas
#导入多项式文本分类的案例数据
data = pandas.read_excel(
    "D:\\PDMBook\\第 3 章 分类模型\\3.5 贝叶斯分类\\多项式贝叶
斯.xlsx"
)
#进行中文分词
fileContents = []
for index, row in data.iterrows():
    fileContent = row['fileContent']
    segs = jieba.cut(fileContent)
    fileContents.append(" ".join(segs))
data['file_content_cut'] = fileContents

from sklearn.feature_extraction.text import CountVectorizer
#文本向量化
countVectorizer = CountVectorizer(
    min_df=0, token_pattern=r"\b\w+\b"
)
textVector = countVectorizer.fit_transform(
    data['file_content_cut']
)

from sklearn.naive_bayes import MultinomialNB
MNBModel = MultinomialNB()

from sklearn.model_selection import cross_val_score
```

```
#进行 K 折交叉验证
cvs = cross_val_score(
    MNBModel,
    textVector,
    data['class'],
    cv=3
)
cvs.mean()                                              0.5111111111111111
```

执行代码，可以发现，这个 3 折交叉验证的结果非常不好，只有 0.51，得分低的原因有两个：

第一，这是一个多分类任务，一般分类数越多，模型得分越差。

第二，样本数据太少，每个分类只有 10 篇文章，模型能够覆盖的样本不够多。

下面我们基于第二个原因来对模型进行优化。优化的方法是移除停用词和非中文字符。因为在中文中，"的"、"地"、"得"等字或者词不具有实际含义，会对模型有干扰作用。而 123、456 这种具体的数字或者 abc 等非中文字符，在小样本的场景下，同样会干扰模型的识别能力。因此，把停用词和非中文字符都去掉后再建模，代码如下所示：

代码输入	结果输出

```
import re
#匹配中文的正则表达式
zhPattern = re.compile(u'[\u4e00-\u9fa5]+')
#中文分词，去除非中文字符
fileContents = []
for index, row in data.iterrows():
    fileContent = row['fileContent']
    segs = jieba.cut(fileContent)
    segments = []
    for seg in segs:
        if zhPattern.search(seg):
            segments.append(seg.strip())
    fileContents.append(" ".join(segments))
data['file_content_cut_cn'] = fileContents
#导入停用词表
stopwords = pandas.read_csv(
    "StopwordsCN.txt",
    encoding='utf8'
)
#增加停用词表，去除停用词
countVectorizer = CountVectorizer(
    min_df=0, token_pattern=r"\b\w+\b",
    stop_words=list(stopwords.stopword.values)
```

```
)
textVector = countVectorizer.fit_transform(
    data['file_content_cut_cn']
)

from sklearn.naive_bayes import MultinomialNB
MNBModel = MultinomialNB()
#进行 K 折交叉验证
cvs = cross_val_score(
    MNBModel,
    textVector,
    data['class'],
    cv=3                                          0.6972222222222223
)
cvs.mean()
```

执行代码，可以看到，优化后的模型在 3 折交叉验证中的得分达到了 0.697。

3.4　决策树

决策树是一个树结构（二叉树或非二叉树），其每个非叶节点表示一个特征上的测试，每个分支代表这个特征在某个值域上的输出，每个叶节点存放一个类别。使用决策树进行决策的过程就是从根节点开始，测试待分类项中相应的特征，并按照其值选择输出分支，直到到达叶子节点，然后将叶子节点存放的类别作为决策结果。

3.4.1　决策树分类

下面我们通过一个通俗的例子，来了解决策树分类的思想。决策树分类的思想类似于找对象。例如一个女孩的母亲要给这个女孩介绍男朋友，于是有了下面的对话：

女儿：他，多大年纪了？

母亲：26。

女儿：长得帅不帅？

母亲：挺帅的。

女儿：收入高不？

母亲：不算很高，中等情况。

女儿：工作稳定吗？

母亲：挺稳定的，在税务局上班。

女儿：那好，我去见见。

这个女孩的决策过程就是典型的分类树决策，如图 3-37 所示。

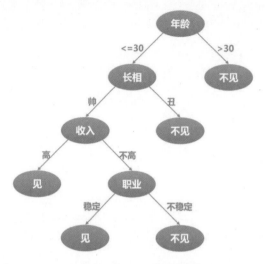

图 3-37 相亲决策过程

决策树模型通过对训练样本的学习，建立分类规则，然后依据分类规则，对新样本数据进行分类预测。决策树是最经常使用的数据挖掘算法，它主要的优点有：

1. 易于理解和实现。不需要使用者了解很多的背景知识，其通过决策树就能够直观形象地了解规则。

2. 决策树能够同时处理数值型和非数值型数据，能够在相对较短的时间内对大型数据源做出可行且效果良好的预测。

在比较专业的使用场景中，例如客户向银行贷款，银行对用户的贷款资格做评估的过程，也类似决策树分类过程，如图 3-38 所示。

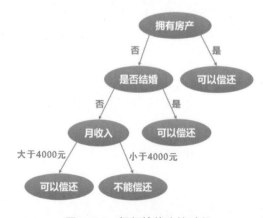

图 3-38 银行放款决策过程

银行首先会问询客户是否拥有房产，如果有，立即判断他可以偿还贷款。

如果没有，则进入第二层的属性判断，是否结婚，如果已婚，两个人可以负担得起贷款，则判断为可以偿还。否则进入第三层的属性判断，月薪是否超过 4000 元，如果满足，那么判定为可以偿还，否则，给出不能偿还贷款的结论。

3.4.2 决策树分类算法原理

ID3 算法（Iterative Dichotomiser 3）

该算法基于奥卡姆剃刀原理，即越小型的决策树越优于大的决策树。ID3 算法基于信息熵的计算来决定使用哪个特征进行分裂。我们首先来了解一下，什么是信息熵？

信息熵（Entropy）

在信息论中，熵是接收的每条消息中包含的信息的平均量，是无序性（或不确定性）的度量指标。决策树就是根据每个二叉树节点代表的信息熵进行分裂的。

我们假设几个事件发生的概率分别是 $p_1, p_2, \cdots, p_n$，这几个事件的信息熵用 $\text{entropy}\left(p_1, p_2, \cdots, p_n\right)$ 表示，则它的值可以用下面的公式计算得到：

$$\text{entropy}\left(p_1, p_2, \cdots, p_n\right) = -p_1 \log_2 p_1 - p_2 \log_2 p_2 - \cdots - p_n \log_2 p_n$$

因为信息熵以 2 为底数，所以它的单位是比特（bit）。

信息增益（Gain）

假设我们选择特征 R 作为分裂属性，而在数据集 D 中，特征 R 有 k 个不同的取值 $\{V_1, V_2, \cdots, V_k\}$，因此可将 D 根据 R 的值分成 k 组 $\{D_1, D_2, \cdots, D_k\}$。按 R 进行分裂后，将数据集 D 不同的类分开还需要的信息量为：

$$\text{Info}_R(D) = \sum_{i=1}^{k} \left(\frac{|D_i|}{|D|} \times \text{Info}(D_i)\right)$$

信息增益的定义为分裂前后两个信息量之差：

$$\text{Gain}(R) = \text{Info}(D) - \text{Info}_R(D)$$

信息增益 $\text{Gain}(R)$ 表示属性 R 给分类带来的信息量，我们寻找 Gain 最大的属性，就能使分类尽可能地纯，即尽可能地把不同的类分开。不过我们发现对所有的特征 $\text{Info}(D)$ 都是一样的，所以求最大的 Gain 可以转化为求最小的 $\text{Info}_R(D)$。这里引入 $\text{Info}(D)$ 只是为了说明背后的原理，方便理解，在实现时我们不需要计算 $\text{Info}(D)$。下面使用一个案例来演示决策树的计算过程。

ID3 算法计算案例

电脑城对顾客进行了调查，得到如图 3-39 中所示的数据。下面使用这份数据来构建一棵决策树。

记录ID	年龄	收入层次	信用等级	是否购买电脑
1	青年	高	一般	否
2	青年	高	良好	否
3	中年	高	一般	是
4	老年	中	一般	是
5	老年	低	一般	是
6	老年	低	良好	否
7	中年	低	良好	是
8	青年	中	一般	否
9	青年	低	一般	是
10	老年	中	一般	是
11	青年	中	良好	是
12	中年	中	良好	是
13	中年	高	一般	是
14	老年	中	良好	否

图 3-39　用户购买电脑调查数据

首先，我们来看看，在年龄、收入层次、信用等级以及是否购买电脑这四个特征中，选择哪个特征进行分裂。使用信息熵作为选择的标准。

先计算年龄这个特征的信息熵，对于上面的数据集，使用年龄和是否购买电脑这两个特征来做一个数据交叉表，如图 3-40 所示。

		是否购买电脑		
		是	否	总计
年龄	老年	3	2	5
	中年	4	0	4
	青年	2	3	5

图 3-40　使用"年龄"和"是否购买电脑"特征做交叉表

我们得到$\text{Info}_{年龄}(D)$的计算公式如下：

$$\text{Info}_{年龄}(D) = \frac{5}{14} \times \left(-\frac{2}{5} \times \log_2 \frac{2}{5} - \frac{3}{5} \times \log_2 \frac{3}{5}\right) + \frac{4}{14} \times \left(-\frac{4}{4} \times \log_2 \frac{4}{4} - \frac{0}{4} \times \log_2 \frac{0}{4}\right) + \frac{5}{14}$$
$$\times \left(-\frac{2}{5} \times \log_2 \frac{2}{5} - \frac{3}{5} \times \log_2 \frac{3}{5}\right) = 0.69$$

同理，我们可以得到$\text{Info}_{收入}(D)$和$\text{Info}_{信用等级}(D)$的计算方法如下：

$$\text{Info}_{收入}(D) = \frac{4}{14} \times \left(-\frac{2}{4} \times \log_2 \frac{2}{4} - \frac{2}{4} \times \log_2 \frac{2}{4}\right) + \frac{6}{14} \times \left(-\frac{2}{6} \times \log_2 \frac{2}{6} - \frac{4}{6} \times \log_2 \frac{4}{6}\right) + \frac{4}{14}$$

$$\times \left(-\frac{3}{4} \times \log_2 \frac{3}{4} - \frac{1}{4} \times \log_2 \frac{1}{4}\right) = 0.91$$

$$\text{Info}_{信用等级}(D) = \frac{6}{14} \times \left(-\frac{3}{6} \times \log_2 \frac{3}{6} - \frac{3}{6} \times \log_2 \frac{3}{6}\right) + \frac{8}{14} \times \left(-\frac{2}{8} \times \log_2 \frac{2}{8} - \frac{6}{8} \times \log_2 \frac{6}{8}\right)$$

$$= 0.89$$

由此可以知道，$\text{Info}_{年龄}(D)$的信息量最小，也就是它带来的信息增益最大，因此第一层选择年龄进行分裂，得到的树结构如图 3-41 所示。

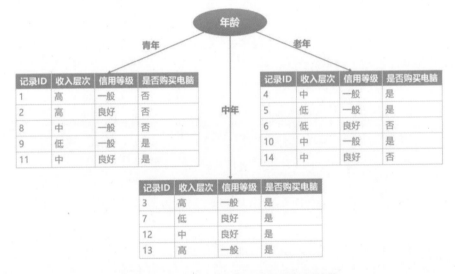

图 3-41 以年龄作为划分点得到的树结构

可以看到，中年人到电脑城，无论收入层次和信用等级如何，都会购买电脑，因此该树节点可以停止分裂了。其他节点还需要按照这个过程进行分裂，直到所有的特征都处理完为止。

3.4.3 使用高中生基本信息预测其是否计划升学案例

这里有一份关于高中生是否想考大学的调查问卷数据，如图 3-42 所示，数据有 6 列，第一列是学生 ID，第二列是性别，第三列是父母收入，第四列是学生的 IQ，第五列是父母是否鼓励孩子上大学，第六列是学生自己是否计划上大学。这里，我们需要根据学生性别、父母收入、学生 IQ、父母是否鼓励孩子上大学这四列，来判断孩子是否计划上大学。

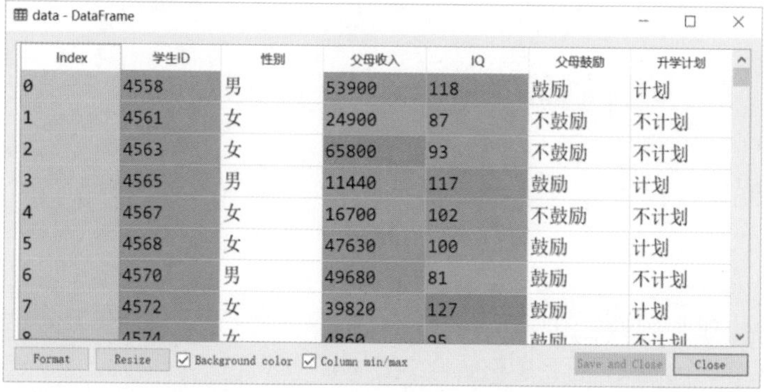

Index	学生ID	性别	父母收入	IQ	父母鼓励	升学计划
0	4558	男	53900	118	鼓励	计划
1	4561	女	24900	87	不鼓励	不计划
2	4563	女	65800	93	不鼓励	不计划
3	4565	男	11440	117	鼓励	计划
4	4567	女	16700	102	不鼓励	不计划
5	4568	女	47630	100	鼓励	计划
6	4570	男	49680	81	鼓励	不计划
7	4572	女	39820	127	鼓励	计划
8	4574	女	4860	95	鼓励	不计划

图 3-42　学生升学计划数据

在 sklearn 模块中，使用 DecisionTreeClassifier 函数进行决策树建模。DecisionTreeClassifier 函数的常用参数如图 3-43 所示。

sklearn.tree.DecisionTreeClassifier(criterion='gini', max_depth=None, max_leaf_nodes=None)

参数	说明
criterion	特征分裂依据指标，默认为阻尼值gini，可以选择信息熵entropy
max_depth	树的最大深度，默认分裂到最细粒度的树结构
max_leaf_nodes	树的最大叶子节点个数，默认分裂到最细粒度的树结构

图 3-43　DecisionTreeClassifier 函数的常用参数

下面我们来看看 DecisionTreeClassifier 函数的使用方法，代码如下所示：

代码输入　　　　结果输出

```
import pandas
data = pandas.read_csv(
    'D:\\PDMBook\\第 3 章 分类模型\\3.6 决策树\\决策树.csv',
    encoding='utf8',
    engine='python'
)
#需要进行独热处理的列
oneHotColumns = ['性别', '父母鼓励']
from sklearn.preprocessing import OneHotEncoder
#新建独热编码器
oneHotEncoder = OneHotEncoder(drop='first')
```

```
#训练独热编码器，得到转换规则
oneHotEncoder.fit(
    data[oneHotColumns]
)
#转换数据
oneHotData = oneHotEncoder.transform(
    data[oneHotColumns]
)
from scipy.sparse import hstack
#将独热编码所得的数据，和父母收入、IQ 两列合并在一起
x = hstack([
    oneHotData,
    data.父母收入.values.reshape(-1, 1),
    data.IQ.values.reshape(-1, 1)
])
y = data["升学计划"]

from sklearn.tree import DecisionTreeClassifier
#设置树的深度为 3，最大叶子节点数为 7
dtModel = DecisionTreeClassifier(
    max_depth=3,
    max_leaf_nodes=7
)
from sklearn.model_selection import cross_val_score
cvs = cross_val_score(dtModel, x, y, cv=10)
cvs.mean()                                              0.8357
```

执行代码，可以看到，当树的深度为 3、最大叶子节点数为 7 时，10 折交叉验证的得分可以达到 0.8357。

绘制决策树

使用 Python 绘制决策树，需要安装 Graphviz 和 pydot 模块。

安装 Graphviz 模块

Graphviz 是一个非常著名的开源绘图软件，很多软件都依赖它进行绘图，它的官网如图 3-44 所示。

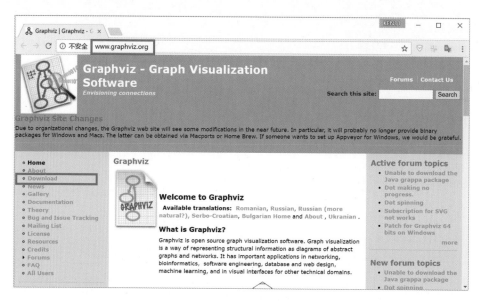

图 3-44 Graphviz 官网

单击 Download 链接进入安装文件的下载页面，该页面上有一个长长的使用协议，我们直接到底部，单击 Agree 按钮即可，如图 3-45 所示。

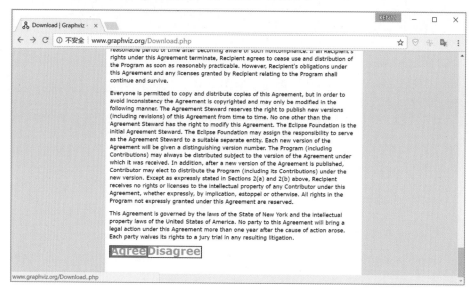

图 3-45 Graphviz 使用协议

下面我们在 Windows 操作系统下下载和安装 Graphviz，在其他操作系统下的安装方法与此类似，这里就不一一演示了。下载 Windows 版本的安装包，如图 3-46 所示。

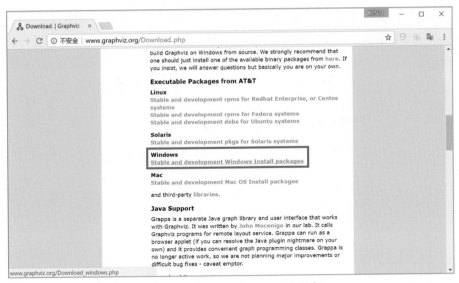

图 3-46　选择 Graphviz 系统版本

可以选择 **MSI** 安装版或者 **ZIP** 解压即用版，如图 **3-47** 所示。作者两个都试过，都可以正常使用，大家根据自己的喜好选择一个即可。

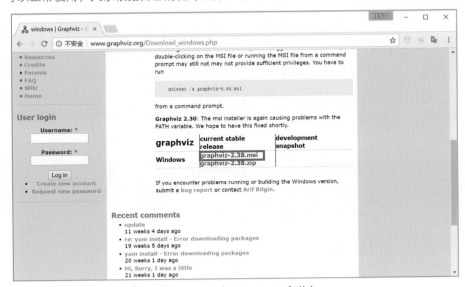

图 3-47　下载 Graphviz 安装包

下载好的 **MSI** 安装包如图 **3-48** 所示。

| graphviz-2.38.msi | 2016/3/5 星期六 19... | Windows Installer ... | 34,992 KB |

图 3-48　Graphviz 安装包

安装 Graphviz 的方法和安装其他软件的方法一致，这里就不一一截图了，大家根据软件提示安装即可。图 3-49 所示为正在安装的界面。

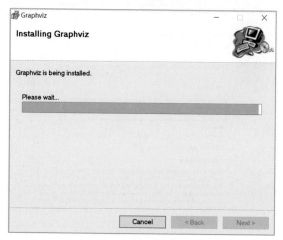

图 3-49　安装 Graphviz

配置 Graphviz

在 Windows 操作系统中，安装完 Graphviz 后，需要把 Graphviz 安装目录下的 bin 目录，配置到操作系统的 Path 变量中，以方便其他程序调用 Graphviz。配置 Path 环境变量的操作方法如下：

STEP 01　打开"控制面板"→"所有控制面板项"→"系统"→"高级系统设置"→"环境变量"，如图 3-50 所示。

图 3-50　Windows 系统环境变量配置界面

STEP 02 单击环境变量按钮，弹出环境变量配置页面，然后双击 Path 变量，新建一个空白路径，把 Graphviz 安装目录中的 bin 目录（默认为 C:\Program Files (x86)\Graphviz2.38\bin）放入即可，如图 3-51 所示。

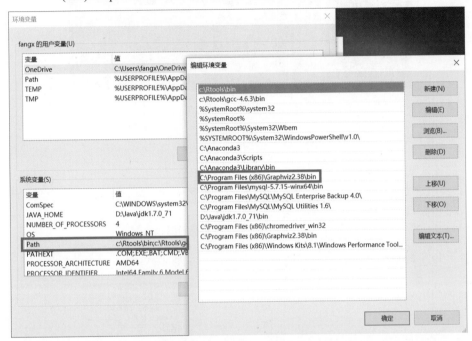

图 3-51　将 Graphviz 的 bin 目录设置为 Path 路径

使用 Graphviz 绘制决策树

在 sklearn 模块中，使用 export_graphviz 函数输出 Graphviz 绘图需要的 dot 文件，代码如下所示：

代码输入

```
#训练决策树模型
dtModel = DecisionTreeClassifier(
    max_depth=3,
    max_leaf_nodes=7
)
dtModel.fit(x, y)
#将决策树模型导出为 dot 文件
from sklearn.tree import export_graphviz
with open('data.dot', 'w') as f:
    f = export_graphviz(dtModel, out_file=f)
```

执行代码，即可得到 data.dot 文件。使用 Graphviz 的 dot 命令，即可把 data.dot 文件转成一幅图片。

图 3-52　使用 dot 命令绘制决策树

执行 dot 命令后，得到如图 3-53 所示的文件。

名称	修改日期	类型	大小
￭ data.dot	2019/8/26 星期一 8:28	Microsoft Word 97 - 2003 模板	2 KB
￭ tree.png	2019/8/26 星期一 23:08	PNG 文件	47 KB

图 3-53　使用 dot 命令绘制得到的决策树

打开 tree.png 图片，如图 3-54 所示。

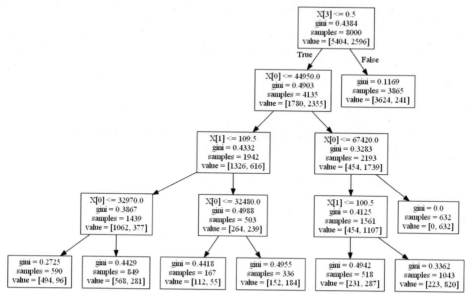

图 3-54　决策树图形

可以看到，使用默认样式绘制出来的图形是比较粗糙的。下面我们优化特征名字及图形样式，直接使用代码来绘制决策树。

安装 pydot

如果需要使用代码来调用 dot 命令进行绘图，则需要安装 pydot 模块。pydot 模块的升级比较混乱，目前 pydot 的作者维护的模块是 pydot-ng。使用 pip 命令安装该模块，如图 3-55 所示。

$$pip\ install\ pydot-ng$$

图 3-55　使用 pip 命令安装 pydot-ng

使用 pydot

使用 pydot 来优化并绘制决策树，代码如下所示：

代码输入

```python
#导入 pydot 模块
import pydot_ng as pydot
#导入内存 IO 模块
from sklearn.externals.six import StringIO
#把 dot 文件，写入 StringIO 中
dot_data = StringIO()
'''
    class_names: dtModel.classes_
    feature_names: oneHotEncoder.get_feature_names()
'''
export_graphviz(
    dtModel,
    out_file=dot_data,
    class_names=["不计划", "计划"],
    feature_names=[
        '男性', '父母鼓励', '父母收入', '智商'
    ],
    filled=True, rounded=True,
    special_characters=True
)
#从字符串中读取数据并放入 dot，生成 graph 对象
```

```
graph = pydot.graph_from_dot_data(
    dot_data.getvalue()
)
#设置所有的节点的字体属性为 Microsoft YaHei
graph.get_node("node")[0].set_fontname(
    "Microsoft YaHei"
)
#将图形保存到 opt_tree.png 文件中
graph.write_png(
    'D:\\PDMBook\\第 3 章 分类模型\\3.6 决策树\\opt_tree.png'
)
```

执行代码，得到的决策树如图 3-56 所示。可以看到，优化后的决策树更便于阅读。

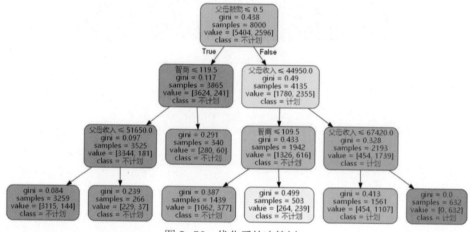

图 3-56　优化后的决策树

下面我们来解读决策树中的每一个指标。

3.4.4　案例解读

首先是根节点，根节点也称为父节点，是决策树中的第一个节点，如图 3-57 所示。

图 3-57　决策树的根节点

在根节点中，samples 指标的值为 8000，这是所有的样本总数。value 是指每个分类的计数统计值，通过 dtModel.classes_ 属性，可以知道第一个类别是不计划，第二个类别是计划。从该数据可知，有 5404 个人是不计划上大学的，只有 2596 个人打算上大学，因此，对于所有样本，偏向是不计划上大学。

接着是 gini 系数，它代表了结论的不确定性，它的值越大，结论的不确定性就越大，它的值越小，结论的不确定性就越小，也就是确定性越大。其计算公式如下所示：

$$\text{gini}_R = 1 - \sum_{i}^{k} p_i{}^2$$

例如，根节点的 gini 值为 $1 - (\frac{5404}{8000})^2 - (\frac{2596}{8000})^2$，即 0.438。

然后是分裂条件，这个分裂条件应该写在节点的底部。分裂条件写在顶部，容易让人误解，以为由于父母鼓励，才让很多人不计划上大学。其实不是，它的意思是，根据得出的数据，大部分人倾向于不计划上大学。

决策树使用二叉树的方式进行分裂，一个节点的分裂条件，只有 True 和 False 两种类型。并且，向左的都是 True，向右的都是 False，如图 3-58 所示。

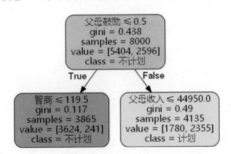

图 3-58　决策树的特征分裂

当父母鼓励<=0.5 为 True 时，向左分裂，也就是当父母不鼓励时，gini 系数变小，也就是确定性变大，此时大部分人都偏向于不计划上大学。

当父母鼓励<=0.5 为 False 时，向右分裂，也就是父母鼓励时，计划上大学的人占了多数，但是因为 gini 值等于 0.49，所以不确定性还是很高，这一点我们也可以通过value 的占比看出。

最后，我们来看看树的深度和树的最大叶子节点数这两个参数的意义，如图 3-59所示。

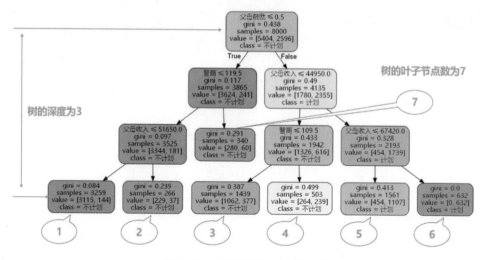

图 3-59　树的深度和叶子节点数

3.5　随机森林

随机森林是包含多个决策树的分类器，它输出的类别由所有树预测的类别的众数而定。随机森林的模型如图 3-60 所示。

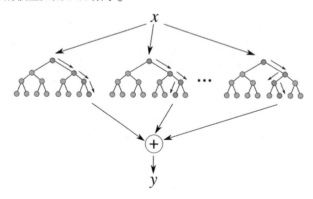

图 3-60　随机森林示例

3.5.1　随机森林的特点

随机森林是一种相对较新的机器学习方法——集成学习。集成学习通过建立几个模型组合来解决单一预测问题。它的工作原理是生成多个分类器/模型，各自独立地学习和做出预测。这些预测最后被组合成单预测，因此其优于任何一个单分类的预测。所以，随机森林的核心思想，就是三个臭皮匠，胜过一个诸葛亮。

随机森林的训练过程

1. 假设有 N 个样本，随机从这 N 个样本中，有放回地选择 n 个样本来训练一个决策树。

2. 假设有 M 个特征，随机从这 M 个特征中，无放回地选择 m 个特征来训练一个决策树。

3. 训练每个决策树模型，计算每个模型的得分，并把得分作为该决策树的权重值。

训练完随机森林后，当有一个未知类别的样本输入时，随机森林调用它所有的决策树模型对未知样本进行预测，然后再根据权重值对预测值进行加权求和，把分值最高的分类作为预测结果返回，如图 3-61 所示。

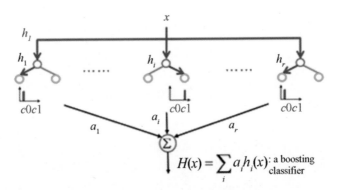

图 3-61　随机森林预测示例

随机森林的优点

1. 随机森林由多个决策树组成，在一般的场景下，增加随机森林中决策树的数量，可以增加模型的准确度。当然不是绝对增加，当达到一定阈值后，模型的准确度就会趋于平稳，有可能还会下降。

2. 对于一般模型，如果训练数据过大，就会导致过拟合的问题，但是随机森林因为是组合算法，可以任意增加子模型个数，所以，面对海量数据，随机森林最大程度地避免了过拟合的问题。

3. 随机森林没有特征选择的问题，当分类模型的应用场景是文本分类或者语音识别时，数据的维度会非常高，这时，还需要通过主成分分析之类的方法来选择特征，但是因为决策树算法本身就是一个特征选择的算法，所以，随机森林算法面对高维度数据，不会出现特征选择困难的问题。

当然，随机森林或者决策树模型，在使用上还是有一定的难度的，参数调优就是其中一大难题。在 sklearn 模块中，参数调优一般通过网格搜索的方式进行。通过网格搜索，可以从一系列的候选参数中，选择出评分最好的参数组合。

3.5.2　网格搜索

网格搜索算法是一种通过遍历给定的参数组合来优化模型表现的方法。网格搜索的过程如图 3-62 所示。

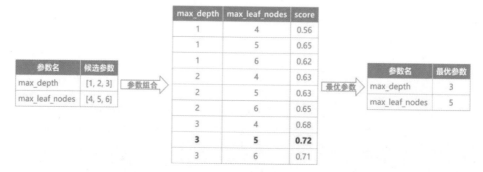

图 3-62　网格搜索过程

网格搜索从候选参数集合中，选出一系列参数并把它们组合起来，得到候选参数列表。然后遍历参数列表，把候选参数放进模型中，计算得到该参数组合的得分。而后再从候选参数列表中，选择出得分最高的参数，作为模型的最优参数。

在 sklearn 模块中，使用 GridSearchCV 函数进行网格搜索，通过交叉验证进行评分。GridSearchCV 函数的常用参数如图 3-63 所示。

sklearn.model_selection.GridSearchCV(estimator, param_grid, scoring=None, cv=3, verbose=0, return_train_score=False, n_jobs=1)	
参数	说明
estimator	要评估的模型
param_grid	参数字典，参数名为key，候选参数列表为value
scoring	评估指标，默认调用estimator.score()函数进行评估
cv	K折交叉验证的次数
verbose	执行过程中调试信息的等级，等级越高，输出信息越多
return_train_score	是否返回训练得分，默认为False，一般需要设置为True
n_jobs	并行运行的模型数，默认为1，可以根据CPU数量设置

图 3-63　GridSearchCV 函数的常用参数

下面我们对前面决策树的案例，使用网格搜索和交叉验证的方法，来选择最优的参数组合。

代码输入	结果输出

```
from sklearn.model_selection import GridSearchCV

#网格搜索，寻找最优参数
paramGrid = dict(
    max_depth=[1, 2, 3, 4, 5],
    max_leaf_nodes=[3, 5, 6, 7, 8],
)
dtModel = DecisionTreeClassifier()

grid = GridSearchCV(
    dtModel, paramGrid,
cv=10, return_train_score=True
)
grid = grid.fit(x, y)

print('最好的得分是: %f' % grid.best_score_)
print('最好的参数是:')
for key in grid.best_params_.keys():
    print('%s=%s'%(key, grid.best_params_[key]))
```

最好的得分是: 0.837125
最好的参数是:
max_depth=4
max_leaf_nodes=7

3.5.3　使用随机森林算法提升决策树算法效果案例

在 sklearn 模块中，使用 RandomForestClassifier 函数进行随机森林建模。Random-
ForestClassifier 函数的常用参数如图 3-64 所示。

sklearn.ensemble.RandomForestClassifier(n_estimators=100, criterion='gini', max_depth=None, max_leaf_nodes=None)	
参数	说明
n_estimators	随机森林使用的树的数量，默认为100
criterion	特征分裂依据指标，默认为阻尼值gini，可以选择信息熵entropy
max_depth	树的最大深度，默认分裂到最细粒度的树结构
max_leaf_nodes	树的最大叶子节点数，默认分裂到最细粒度的树结构

图 3-64　RandomForestClassifier 函数的常用参数

下面，使用学生升学意愿的数据集，搭建随机森林模型，代码如下所示：

代码输入

```
import pandas
data = pandas.read_csv(
    'D:\\PDMBook\\第 3 章 分类模型\\3.7 随机森林\\随机森林.csv',
    encoding='utf8',
```

```python
    engine='python'
)

#需要进行独热处理的列
oneHotColumns = ['性别', '父母鼓励']
from sklearn.preprocessing import OneHotEncoder
#新建独热编码器
oneHotEncoder = OneHotEncoder(drop='first')
#训练独热编码器，得到转换规则
oneHotEncoder.fit(
    data[oneHotColumns]
)
#转换数据
oneHotData = oneHotEncoder.transform(
    data[oneHotColumns]
)

from scipy.sparse import hstack
#将独热编码所得的数据，和父母收入、IQ 两列合并在一起
x = hstack([
    oneHotData,
    data.父母收入.values.reshape(-1, 1),
    data.IQ.values.reshape(-1, 1)
])

y = data["升学计划"]

from sklearn.ensemble import RandomForestClassifier

rfClassifier = RandomForestClassifier()

from sklearn.model_selection import GridSearchCV

#网格搜索，寻找最优参数
paramGrid = dict(
    max_depth=[1, 2, 3, 4, 5],
    criterion=['gini', 'entropy'],
    max_leaf_nodes=[3, 5, 6, 7, 8],
    n_estimators=[10, 50, 100, 150, 200],
)

gridSearchCV = GridSearchCV(
    rfClassifier, paramGrid,
    cv=10, verbose=1, n_jobs=10,
```

```
    return_train_score=True
)
grid = gridSearchCV.fit(x, y)

print('最好的得分是: %f' % grid.best_score_)
print('最好的参数是:')
for key in grid.best_params_.keys():
    print('%s=%s'%(key, grid.best_params_[key]))
```

执行代码，得到以下执行结果：

结果输出

```
Fitting 10 folds for each of 250 candidates, totalling 2500 fits
[Parallel(n_jobs=10)]: Using backend LokyBackend with 10 concurrent workers.
[Parallel(n_jobs=10)]: Done  30 tasks      | elapsed:  1.2min
[Parallel(n_jobs=10)]: Done 180 tasks      | elapsed:  2.0min
[Parallel(n_jobs=10)]: Done 430 tasks      | elapsed:  3.2min
[Parallel(n_jobs=10)]: Done 780 tasks      | elapsed:  5.2min
[Parallel(n_jobs=10)]: Done 1230 tasks     | elapsed:  8.2min
[Parallel(n_jobs=10)]: Done 1780 tasks     | elapsed: 10.7min
[Parallel(n_jobs=10)]: Done 2430 tasks     | elapsed: 15.8min
[Parallel(n_jobs=10)]: Done 2500 out of 2500 | elapsed: 16.7min finished
最好的得分是: 0.836625
最好的参数是:
criterion=gini
max_depth=5
max_leaf_nodes=8
n_estimators=50
```

因为设置了 verbose 参数为 1，所以在做网格搜索的过程中都会有日记输出。通过输出的日记我们可以知道，总共执行了 2500 个任务，耗时 16.7 分钟。

因为模型最优的参数 max_depth 与 max_leaf_nodes 是设置的待选参数的最大值，所以，增大这两个候选参数的值，进行网格搜索和交叉验证，很有可能得到更好的结果。因此，我们再次调整候选参数，再次进行实验，代码如下所示：

代码输入

```
#网格搜索，寻找最优参数
paramGrid = dict(
    max_depth=[4, 5, 6, 7, 8],
    criterion=['gini', 'entropy'],
    max_leaf_nodes=[8, 9, 10, 11, 12],
    n_estimators=[20, 30, 40, 45, 50],
)
gridSearchCV = GridSearchCV(
```

```
    rfClassifier, paramGrid,
    cv=10, verbose=1, n_jobs=10,
    return_train_score=True
)
grid = gridSearchCV.fit(x, y)

print('最好的得分是: %f' % grid.best_score_)
print('最好的参数是:')
for key in grid.best_params_.keys():
    print('%s=%s'%(key, grid.best_params_[key]))
```

执行代码，得到以下的执行结果：

结果输出

```
Fitting 10 folds for each of 250 candidates, totalling 2500 fits
[Parallel(n_jobs=10)]: Using backend LokyBackend with 10 concurrent workers.
[Parallel(n_jobs=10)]: Done   30 tasks      | elapsed:    5.4s
[Parallel(n_jobs=10)]: Done  180 tasks      | elapsed:   35.3s
[Parallel(n_jobs=10)]: Done  430 tasks      | elapsed:  1.4min
[Parallel(n_jobs=10)]: Done  780 tasks      | elapsed:  2.5min
[Parallel(n_jobs=10)]: Done 1230 tasks      | elapsed:  4.1min
[Parallel(n_jobs=10)]: Done 1780 tasks      | elapsed:  5.8min
[Parallel(n_jobs=10)]: Done 2430 tasks      | elapsed:  7.8min
[Parallel(n_jobs=10)]: Done 2500 out of 2500 | elapsed:  8.0min finished
最好的得分是: 0.839750
最好的参数是:
criterion=gini
max_depth=6
max_leaf_nodes=12
n_estimators=50
```

max_leaf_nodes 还是设置的待选参数的最大值，还可以继续优化。经过几轮迭代后，我们找到了最优的参数，代码如下所示：

代码输入

```
#网格搜索，寻找最优参数
paramGrid = dict(
    max_depth=[5, 6, 7, 8],
    criterion=['gini', 'entropy'],
    max_leaf_nodes=[30, 40, 50],
    n_estimators=[50, 60, 70],
)

gridSearchCV = GridSearchCV(
    rfClassifier, paramGrid,
    cv=10, verbose=1, n_jobs=10,
```

```
    return_train_score=True
)
grid = gridSearchCV.fit(x, y)

print('最好的得分是: %f' % grid.best_score_)
print('最好的参数是:')
for key in grid.best_params_.keys():
    print('%s=%s'%(key, grid.best_params_[key]))
```

执行代码，得到以下的执行结果：

结果输出

```
Fitting 10 folds for each of 54 candidates, totalling 540 fits
[Parallel(n_jobs=10)]: Using backend LokyBackend with 10 concurrent workers.
[Parallel(n_jobs=10)]: Done  30 tasks      | elapsed:   12.0s
[Parallel(n_jobs=10)]: Done 180 tasks      | elapsed:   1.1min
[Parallel(n_jobs=10)]: Done 430 tasks      | elapsed:   2.6min
[Parallel(n_jobs=10)]: Done 540 out of 540 | elapsed:   3.4min finished
最好的得分是: 0.844000
最好的参数是:
criterion=entropy
max_depth=7
max_leaf_nodes=40
n_estimators=50
```

对比决策树的最优结果 0.837125，可以看出，使用随机森林，模型的得分有所提升。

3.6　支持向量机

支持向量机是一种有监督的机器学习算法，广泛地应用于统计分类以及回归分析中。支持向量机属于一般化线性分类器，这类分类器的特点是能够同时最小化经验误差与最大化几何边缘区，因此支持向量机也被称为最大边缘区分类器。

3.6.1　支持向量机的核心原理

下面，我用一个故事给大家普及一下支持向量机的使用场景。

一个英雄打怪的故事

在很久很久以前，英雄要去打怪，BOSS 和他的对抗，就是玩了一个叫作 SVM 的游戏。

BOSS 在桌子上似乎有规律地放了两种颜色的球，如图 3-65 所示。然后对英雄说：

"你用一根棍子分开它们，但是要注意，我手上还有一些球，你摆了棍子之后，我还可以继续放球，希望你的棍子还可以分开我后面放的球。"

图 3-65　游戏第一次初始化

英雄也是人，并不具备看透未来的能力。英雄不知道 BOSS 接下来会怎么摆放他手里剩余的球。英雄觉得自己总得做一些尝试，于是，他把棍子往两种颜色中间一放，分开了两种颜色的球，如图 3-66 所示，就等着 BOSS 下面刁难他。

图 3-66　游戏第一次分割

果然，BOSS 在桌上放了更多的球后，他把一个球放错了阵营，如图 3-67 所示。这样，就有一个球的分类错了，一个红色的球被分到了蓝色的区域中。

图 3-67　游戏第一次增加球

英雄有些懊悔了，当初自己如果把棍子沿着中心点顺时针旋转一下摆放，就可以防止后面 BOSS 的刁难了。没错，大家可能也猜到了，这个游戏的核心就是，尝试把棍子放在最佳位置，好让棍和不同颜色的球之间，有尽可能大的间隙，如图 3-68 所示。

图 3-68　两种颜色的球之间的最大分割线

于是，英雄在 BOSS 第一次增加球之后，把棍子摆放在了最佳的分界线，如图 3-69 所示。

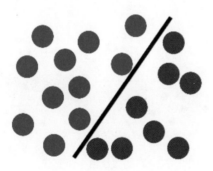

图 3-69　棍子最佳摆放位置

看着信心满满的英雄，BOSS 增大了游戏的难度，他重新开始摆球，如图 3-70 所示。这次两种颜色的球的摆放，已经不能简单地使用一条直线分割开了。

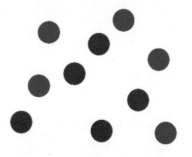

图 3-70　游戏第二次初始化

英雄想了一下，把手上的棍子折成一条曲线，往球中间一摆，如图 3-71 所示。这样，又可以把不同颜色的球分成两种类别了。

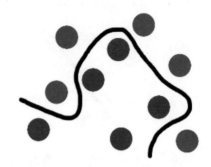

图 3-71　用曲线来分割不同颜色的球

最后，BOSS 把游戏的难度增到最大，把球的摆放从桌子上换到空中（二维换为三维）。英雄就把棍子换成一块布，如图 3-72 所示，又可以把所有的球正确地分开为两类了。

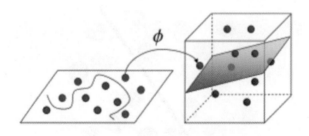

图 3-72　球的摆放由平面变成空间

后来，数学家们将这个游戏叫作 SVM，SVM 中球的位置叫作特征，球的颜色叫作类别，棍子叫作分类器，做出最大间隙的招数叫作优化，折棍子的招数叫作核函数，球摆放从桌子换到空中（二维换为三维）代表特征维度的增加，分割高维空间的工具叫作超平面。

超平面

超平面是一个线性分类器，就是在 n 维的数据空间中找到一个超平面(Hyper Plane)，其方程可以表示为：

$$w^\mathrm{T}x + b = 0$$

而这个所谓的超平面，在二维空间中就是一条直线，如图 3-73 所示。

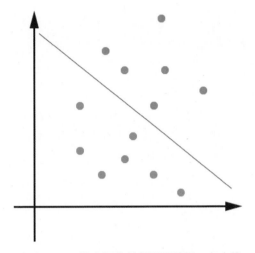

图 3-73　二维空间中的超平面就是一条直线

我们希望的是，通过这个超平面可以把两类数据分开，比如，在超平面一边的数据点所对应的 y 值全是 -1，而在另一边的点对应的 y 值全是 1。具体来说，令 $f(x) = w^T x + b$，显然：

如果 $f(x) = 0$，那么 x 是位于超平面上的点。

如果 $f(x) > 0$，那么 $y = 1$，对应红色部分的点。

如果 $f(x) < 0$，那么 $y = -1$，对应蓝色部分的点。

符合这种要求的超平面有无穷多个，如图 3-74 所示。要选出最好的超平面，必须先找到一个指标来量化"好"的程度，通常使用叫作"分类间隔"的指标。

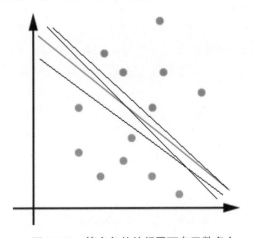

图 3-74　符合条件的超平面有无数多个

最大分类间隔

对于平面上的任意一个点，我们记为 x_i，那么，我们定义一个指标 δ_i，用来代表点与某个超平面的距离，这个指标的公式为：

$$\delta_i = y_i(wx_i + b)$$

其中，y_i 为对应的 x_i 所属的分类。如果我们使用超平面将其正确地分类，那么它的值就大于 0，反之，如果分类错误，原来是大于 0 的分类，我们却认为它为小于 0 的分类，那么一个正数和一个负数相乘，结果肯定小于 0。

这样，我们就可以确定，选取哪个超平面作为线性分类器的最优指标。最优指标就是：

$$\max(\sum_{i=1}^{n} \delta_i) = \max(\sum_{i=1}^{n} y_i(wx_i + b))$$

也就是说，我们应该找一个超平面，让所有的点离这个超平面的距离是最大的，这样的超平面可以达到最好的分类效果，从而用来分类后续未知的点。

如何求解这个方程，数学家们早就已经研究出来了，使用拉格朗日对偶的最优化方法，可以解出这个方程的最优解。这里我们不深入研究这个过程，我们来看一个如何使用 SVM 解决真实问题的案例。

3.6.2 根据葡萄酒成分数据预测其分类案例

这是一份来自意大利同一地区不同种植园的 3 种葡萄酒的成分分析样本，样本总数为 178。这份样本共有 13 个属性，分别为醇（Alcohol）、苹果酸（Malic acid）、灰分（Ash）、灰分碱度（Alcalinity of ash）、镁含量（Magnesium）、总酚（Total phenols）、黄酮类化合物（Flavonoids）、非黄烷类酚类（Nonflavanoid phenols）、原花青素（Proanthocyanidins）、颜色强度（Color intensity）、色调（Hue）、经稀释后的吸光度比值（OD280/OD315 of diluted wines）、脯氨酸（Proline）。现在要求通过分析酒类化学成分的含量，对葡萄酒进行分类。

在 sklearn 模块中，使用 SVC 函数完成该任务，它的常用参数如图 3-75 所示。

sklearn.svm.SVC(kernel='rbf', degree=3)	
参数	说明
kernel	核函数，默认为rbf，可选：linear、poly、sigmoid
degree	当kernel=poly时有效，默认为3，多项式的阶数

图 3-75 SVC 函数的常用参数

关于核函数的选择，可以参考如图 3-76 所示的表格。

核名称	意义
linear	线性核，在二维平面可以理解为一条直线
poly	多项式核，在二维平面可以理解为一条曲线
rbf	高斯核，在二维平面，可以理解为多个椭圆形
sigmoid	针对二分类问题而提出的rbf核优化，一般用于二分类场景

图 3-76　SVC 核函数的特点

首先，我们把数据导入 data 变量中，代码如下所示：

代码输入

```
import pandas
data = pandas.read_csv(
"D:\\PDMBook\\第 3 章 分类模型\\3.8 SVM\\SVM.csv"
)
x = data[[
    'Alcohol', 'Malic acid', 'Ash',
    'Alcalinity of ash','Magnesium',
    'Total phenols', 'Flavanoids',
    'Nonflavanoid phenols',
    'Proanthocyanins', 'Color intensitys',
    'Hue', 'OD280/OD315 of diluted wines',
    'Proline'
]]
y = data['label']

from sklearn.svm import SVC
from sklearn.model_selection import GridSearchCV

svc = SVC()
#网格搜索，寻找最优参数
paramGrid = dict(
    kernel=['linear', 'poly', 'rbf', 'sigmoid']
)

gridSearchCV = GridSearchCV(
    svc, paramGrid,
    cv=3, verbose=1, n_jobs=5,
    return_train_score=True
)
grid = gridSearchCV.fit(x, y)

print('最好的得分是: %f' % grid.best_score_)
print('最好的参数是:')
for key in grid.best_params_.keys():
```

```
print('%s=%s'%(key, grid.best_params_[key]))
```

执行代码，得到以下的执行结果：

结果输出

```
Fitting 3 folds for each of 4 candidates, totalling 12 fits
[Parallel(n_jobs=5)]: Using backend LokyBackend with 5 concurrent workers.
[Parallel(n_jobs=5)]: Done   12 out of  12 | elapsed:   22.6s finished
最好的得分是: 0.926966
最好的参数是:
kernel=linear
```

可以看到，最好的核函数是线性核，得分达到了 0.926966，是个非常不错的结果。

3.7　逻辑回归

逻辑回归，是针对因变量为分类变量的情况所做的一种回归分析统计方法，其属于概率型非线性回归。

在线性回归中，因变量是连续变量，那么线性回归能够根据因变量和自变量之间存在的线性关系来构造回归方程。但是，若因变量是分类变量，那么因变量与自变量之间就不存在这种线性关系了。

3.7.1　逻辑回归的核心概念

对于上面所说的问题，需要通过某种变换来解决，这个变换，我们称为对数变换。在了解对数变换之前，我们先来学习一个在数据挖掘领域被大量使用的变换函数——Sigmoid 函数，因为它对数据的处理方式，非常接近大脑神经的激活模式，所以它在逻辑回归模型、神经网络模型、深度学习模型中有着重要的应用。

Sigmoid 函数

Sigmoid 函数的公式是：

$$h(\mathbf{x}) = \frac{1}{1 + e^{-x}}$$

因为它的图形，是一个 S 的形状，所以又叫 S 型函数，如图 3-77 所示。

线性回归模型的鲁棒性很差，主要是因为线性回归模型在整个实数域内敏感度一致，值域太广，而分类模型的类别是有限的，所以不需要那么广的值域。而逻辑回归模型可以把预测值限定在(0,1)，如图 3-77 所示。Sigmoid 曲线，在$x = 0$时，y值十分敏感，在

$x \gg 0$ 或 $x \ll 0$ 时，y 值都不敏感。

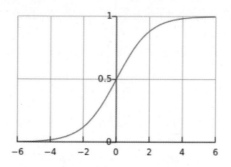

图 3-77　Sigmoid 函数图形

归一化

所谓归一化，是指把 $[-\infty, +\infty]$ 范围内的连续的值转换为 $[0,1]$ 范围内的连续的值。很明显，Sigmoid 函数就具有归一化的性质。而且我们注意到，对于通过 Sigmoid 函数计算出来的结果，可以把 0.5 设置为阈值，如果结果大于 0.5，则设置为 1 分类，如果结果小于 0.5，则设置为 0 分类。

3.7.2　逻辑回归的数学推导

逻辑回归的数学表达式为：

$$h(x) = \frac{1}{1 + e^{-(\theta_0 + \theta_1 x_1 + \theta_2 x_2 + \cdots + \theta_n x_n)}}$$

在线性回归中，我们使用最小二乘法来求解模型的参数，在逻辑回归中道理类似。假设样本中的特征为 x，目标为 y，那么模型预测的结果为 $h(x)$，我们要做的事情就是让 y 与 $h(x)$ 尽可能地接近。假设函数 $h(x)$ 表示的是取 1 的概率，因为在逻辑回归中，$y=0$ 或 1，所以在 $y=1$ 和 $y=0$ 时的概率分别为：

$$P(y = 1|x; \theta) = h_\theta(x)$$
$$P(y = 0|x; \theta) = 1 - h_\theta(x)$$

其中，θ 表示模型的一组参数 $(\theta_0, \theta_1, \theta_2, \cdots, \theta_n)$，$h_\theta(x)$ 表示在参数为 θ 时计算得到的预测结果。因为在二分类问题中，当结果为分类 1 的概率为 $h_\theta(x)$ 时，那么结果为分类 0 的概率则是 $1 - h_\theta(x)$。

因为 y 的取值是 $\{0, 1\}$，所以当 $y = 1$ 时，$1 - y = 0$；同理，当 $y = 0$ 时，$1 - y = 1$，所以，可以将上面两个公式合二为一，得到：

$$P(y|x;\theta) = h_\theta(x)^y(1 - h_\theta(x))^{1-y}$$

我们要求一组参数θ，使得概率P最大。假设我们有m个样本，那么累计的概率值为：

$$L(\theta) = \prod_{i=1}^{m} P(y_i|x_i;\theta) = \prod_{i=1}^{m} h_\theta(x_i)^{y_i}(1 - h_\theta(x_i))^{1-y_i}$$

为了方便后续求导，再对上述公式取对数似然函数：

$$l(\theta) = \log(L(\theta)) = \sum_{i=1}^{m} (y_i \log(h_\theta(x_i)) + (1 - y_i)\log(1 - h_\theta(x_i)))$$

最后，再通过求导或者最大似然估计，求得$\max l(\theta)$。如果使用梯度下降法来拟合θ，因为梯度下降法只适合求解最小值，所以一般会把$l(\theta)$转换为：

$$J(\theta) = -\frac{1}{m}l(\theta) = -\frac{1}{m}\sum_{i=1}^{m} (y_i \log(h_\theta(x_i)) + (1 - y_i)\log(1 - h_\theta(x_i)))$$

然后再通过梯度下降法来求解$\min l(\theta)$。

3.7.3　使用住户信息预测房屋是否屋主所有案例

地产公司在做房屋的租售业务之余，也进行住户与房屋相关数据的调查，在他们的数据库中，存在如图 3-78 所示的调研数据。

列名	说明	数据类型
Age	年龄	数值型
Education Level	教育水平	字符型
Gender	性别	字符型
Home Ownership	房屋所有	字符型
Internet Connection	网络连接	字符型
Marital Status	婚姻状况	字符型
Movie Selector	谁选电影	字符型
Num Bathrooms	洗手间数量	数值型
Num Bedrooms	卧室数量	数值型
Num Cars	车数量	数值型
Num Children	孩子数量	数值型
Num TVs	电视数量	数值型
PPV Freq	付费观看频率	字符型
Prerec Buying Freq	录像购买频率	字符型
Prerec Format	录像购买介质	字符型
Prerec Renting Freq	录像租借频率	字符型
Prerec Viewing Freq	录像观看频率	字符型
CustomerID	客户ID	字符型
Theater Freq	剧院观看频率	字符型
TV Movie Freq	电视电影频率	字符型
TV Signal	电视信号类型	字符型

图 3-78　地产公司调研数据

该公司需要建立一个预测模型，输入住户和房屋的基本信息，预测住户和房屋的关系是自有还是租赁。

　　首先，导入数据，代码如下所示：

代码输入

```
import pandas
#读取数据
data = pandas.read_csv(
    '逻辑回归.csv',
    encoding='utf8',
    engine='python'
)
#删除缺失值
data = data.dropna()
```

　　执行代码，得到如图 3-79 所示的数据。

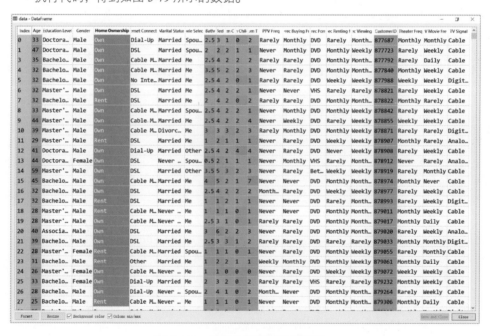

图 3-79　地产公司调研数据整理

　　可以看到，要预测的目标是房屋是否所有（Home Ownership）这一列，其他的特征有离散值也有连续值。我们需要对离散值进行独热处理，代码如下所示：

代码输入

```
# oneHot 特征列
oneHotColumns = [
```

```
    'Gender', 'Internet Connection', 'Marital Status',
    'Movie Selector', 'Prerec Format', 'TV Signal',
    'Education Level', 'PPV Freq', 'Theater Freq',
    'TV Movie Freq', 'Prerec Buying Freq',
    'Prerec Renting Freq', 'Prerec Viewing Freq'
]


from sklearn.preprocessing import OneHotEncoder
#新建独热编码器

oneHotEncoder = OneHotEncoder()
#训练独热编码器，得到转换规则

oneHotEncoder.fit(data[oneHotColumns])
#转换数据

oneHotData = oneHotEncoder.transform(data[oneHotColumns])


#数值特征列

numericColumns = [
    'Age', 'Num Bathrooms',
    'Num Bedrooms', 'Num Cars',
    'Num Children', 'Num TVs'
]


from scipy.sparse import hstack
#合并独热特征与数值特征

x = hstack([
    oneHotData,
    data[numericColumns].astype(float).values
])
#目标

y = data['Home Ownership']
```

执行代码，得到建模需要的特征与目标。

在 sklearn 模块中，使用 LogisticRegression 函数进行逻辑回归的建模，代码如下所示：

代码输入	结果输出

`from sklearn.linear_model import LogisticRegression`
`#逻辑回归模型`
 	
`lrModel = LogisticRegression()`	

```
from sklearn.model_selection import cross_val_score
#进行 K 折交叉验证
cvs = cross_val_score(
    lrModel,
    x,
    y,
    cv=10
)
cvs.mean()                                     0.8366175226584447
```

　　执行代码，可以看到，使用逻辑回归模型，10 折交叉验证的准确率可以达到 0.84，是个不错的模型。

第4章
特征工程

特征工程，顾名思义，本质上是一项工程活动，它的目的是最大限度地从原始数据中提取特征以供算法和模型使用。因此，特征工程在数据挖掘中有着举足轻重的作用。数据挖掘领域一致认为，数据和特征决定了机器学习的上限，而模型和算法只是逼近这个上限而已。

特征工程的重要性，体现在如下几个方面。

特征越好，灵活性越强

好的特征，即使使用一般的模型，也能获得很好的效果。好特征的灵活性，在于它允许你选择简单的模型，同时运行速度也更快，也更容易理解和维护。

特征越好，模型越简单

好的特征，即使参数不是最优参数，模型也能表现出很好的性能，因此不需要花太多的时间寻找最优参数，这大大地降低了模型的复杂度，使模型趋向简单。

特征越好，性能越出色

模型的性能包括模型的效果、执行的效率以及模型的可解释性，特征工程的最终目的就是提升模型的性能。

数据科学家们通过总结和归纳，把特征工程划分为数据处理、特征选择以及维度压缩三大方面。

4.1　描述性统计分析

当我们拿到数据以后，应该先了解数据，然后再使用数据。数据探索就是了解数据的过程，包括描述性统计分析、异常值检测和新奇值检测等。

描述性统计分析是一种统计分析方法，一般用来概括数据的整体状况，也就是事物的基本特征，以发现其内在规律。描述性统计分析主要包括数据的集中趋势分析、数据的离散程度分析、数据的频数分布分析等，常用的统计指标有计数、均值、标准差、最大值、最小值、分位数等。

在 pandas 模块中，使用 describe 函数即可进行描述性统计分析。describe 函数是序列函数，在需要分析的特征列上直接调用即可。describe 函数以序列的形式返回统计结果，其返回的统计指标如图 4-1 所示。

统计指标	注释	对应函数
count	计数	size
mean	均值	mean()
std	标准差	std()
min	最小值	min()
25%	第一四分位值	quantile(0.25)
50%	中位数	quantile(0.50)
75%	第三四分位值	quantile(0.75)
max	最大值	max()

图 4-1　describe 函数返回的统计指标

下面我们来学习如何通过描述性统计分析返回的指标值，理解数据的分布情况，代码如下所示：

代码输入	结果输出

```
import pandas                              count    1500.000000
data = pandas.read_csv(                    mean       33.756000
    " D:\\PDMBook\\第 4 章 特征工程\\4.1 描述性统   std        10.928133
计分析\\描述性统计分析.csv",                      min        19.000000
    encoding='utf8', engine='python'       25%        25.000000
)                                          50%        33.000000
data.注册时长.describe()                       75%        40.000000
                                           max        72.000000
                                           Name: 注册时长, dtype: float64
```

执行代码，即可得到计数、均值、标准差、最小值、第一四分位数、中值、第三四分位数、最大值这 8 个指标值。下面我们一一来解读这八大指标的作用。

计数

计数代表了样本的总数，这份数据总共有 1500 个样本。

均值和标准差

均值和标准差一般结合起来使用。如果一个特征是连续型的符合正态分布的数据，那么会有如图 4-2 所示的分布。

68.26%的数据，会分布在[均值−1 倍标准差，均值+1 倍标准差]之间；

95.44%的数据，会分布在[均值−2 倍标准差，均值+2 倍标准差]之间；

99.74%的数据，会分布在[均值−3 倍标准差，均值+3 倍标准差]之间；

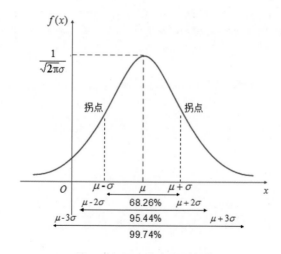

图 4-2　正态分布图形解读

因此，我们可以通过设置不同的标准差距离，来发现数据中的异常值。例如在本案例中，注册时长的均值为 33.756，标准差为 10.928133，那么 99.74%的数据会落在[33.756-3×10.928133, 33.756+3×10.928133]，也就是[0.97, 66.54]，小于 0.97 或者大于 66.54 的数据，很可能就是异常值。

最小值和最大值

知道了均值和标准差，通过最小值和最大值，就可以知道数据的两侧是否存在异常值。最小值是 19，最大值是 72，由此我们可以知道，异常值主要汇集在最大值的一侧，这也从侧面反映了数据中会有大量的值小于均值。

第一四分位数、中值和第三四分位数

这三个指标，分别代表特征按照从小到大的顺序，排在 25%、50% 和 75% 的位置上的值。如果数据的中值和均值接近，并且第一四分位数到中值的距离也接近中值到第三四分位数的距离，那么这份数据是接近正态分布的。

注册时长的均值为 33.756，中值为 33，这两者很接近。第一四分位数到中值的距离为 33-25=8，而中值到第三四分位数的距离为 40-33=7，也很接近。但是最小值到第一四分位值的距离是 25-19=6，而第三四分位数与最大值的距离为 72-40=32，所以我们可以知道，大量的数据会汇集在最小值和第一四分位数之间。

可以通过直方图来验证我们的结论，绘制直方图的代码，如下所示：

代码输入

```
data.注册时长.hist()
```

执行代码，即可得到如图 4-3 所示的直方图，直方图的横轴代表了注册时长这个变量，纵轴则代表了变量的计数。

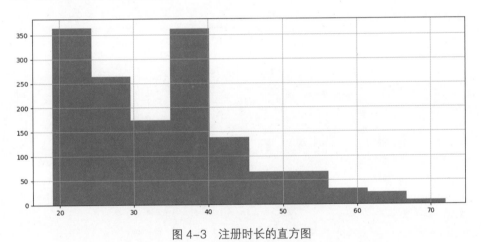

图 4-3　注册时长的直方图

通过观察直方图，我们可以看出，大量的数据聚集在最小值和第一四分位数之间。

4.2　数据标准化

数据标准化主要用来消除不同特征之间的量纲的影响。所谓量纲是指特征的计量单位。如果特征的单位不一致，那么不同的特征不能放在一起比较。例如在日常生活中，身高的单位是 cm，而体重的单位是 kg，二者不能直接比较。

我们可以通过数据标准化的方法，来消除不同特征之间量纲的影响。数据标准化的方法有 Min-Max 标准化、Z-Score 标准化和 Normalizer 归一化。

4.2.1 Min–Max 标准化

Min-Max 标准化是对原始数据进行线性变换。它需要求出特征的最小值和最大值，然后通过以下公式求出标准化值：

$$标准化值 = \frac{原数据 - 最小值}{最大值 - 最小值}$$

由这个公式我们知道，Min-Max 标准化会把特征值映射到区间为 [0，1] 的标准化值。其中，最小值的标准化值为 0，最大值的标准化值为 1。

在 sklearn 模块中，使用 MinMaxScaler 函数进行 Min-Max 标准化。它的使用方法如下所示：

代码输入

```
import pandas
data = pandas.read_csv(
    'D:\\PDMBook\\第 4 章 特征工程\\4.2 标准化\\华南地区.csv',
    engine='python', encoding='utf8'
)
#特征变量
x = data[['注册时长', '营收收入', '成本']]
#目标变量
y = data['是否续约']

from sklearn.preprocessing import MinMaxScaler
#生成标准化对象
scaler = MinMaxScaler()
#训练标准化对象
scaler.fit(x)
#把数据转换为标准化数据
scalerX = scaler.transform(x)
```

执行代码，得到标准化后的数据，如图 4-4 所示。

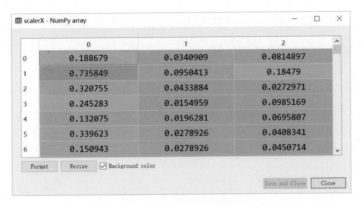

图 4-4　标准化后的数据

　　Min-Max 标准化能够使基于距离的计算模型的效果有一定的提升。例如 KNN 模型的案例，如果没有使用 Min-Max 标准化，那么模型的各项评分指标如图 4-5 所示。

k	精确度	准确度	召回率	F1值
17	0.725153	0.706652	0.866656	0.789384
19	0.72169	0.70463	0.871908	0.789352
18	0.741535	0.711977	0.839331	0.787024
15	0.7244	0.70403	0.861425	0.786811
23	0.715078	0.69863	0.87398	0.786279
21	0.714979	0.697279	0.870833	0.784966
24	0.724413	0.70063	0.852971	0.783296
25	0.711071	0.693279	0.871886	0.783018

图 4-5　使用原始特征建模的 KNN 模型评分

　　进行 Min-Max 标准化后，模型的各项评分指标如图 4-6 所示。

k	精确度	准确度	召回率	F1值
23	0.739843	0.717333	0.856151	0.793524
29	0.735834	0.711981	0.853004	0.789842
27	0.734608	0.70999	0.85091	0.788178
25	0.741689	0.716657	0.85091	0.792199
19	0.736835	0.710688	0.847785	0.78799
21	0.736192	0.710026	0.846711	0.787323
28	0.74358	0.712666	0.836206	0.786808
17	0.734839	0.703377	0.834112	0.781092

图 4-6　进行 Min-Max 标准化后 KNN 模型评分

　　可以看到，模型的 F1 得分从 0.789 升到了 0.793。

4.2.2　Z-Score 标准化

　　Z-Score 标准化基于特征的均值和标准差进行数据的标准化。它的计算公式为：

$$标准化数据 = \frac{原数据 - 均值}{标准差}$$

经过 Z-Score 标准化的数据，均值为 0，标准差为 1。因此标准化后的数据值围绕着 0 上下波动，大于 0 说明它高于平均值，小于 0 说明它低于平均值。

根据 Z-Score 标准化均值为 0、标准差为 1 的性质，如果一个特征符合正态分布，那么：

68.26%的数据，会分布在[-1, +1]区间。

95.44%的数据，会分布在[-2, +2]区间。

99.74%的数据，会分布在[-3, +3]区间。

在 sklearn 模块中，使用 scale 函数进行 Z-Score 标准化，代码如下所示：

代码输入

```
from sklearn.preprocessing import scale
#把数据转换为标准化数据

scaleX = scale(x)
```

执行代码，即可得到 Z-Score 标准化后的数据，如图 4-7 所示。

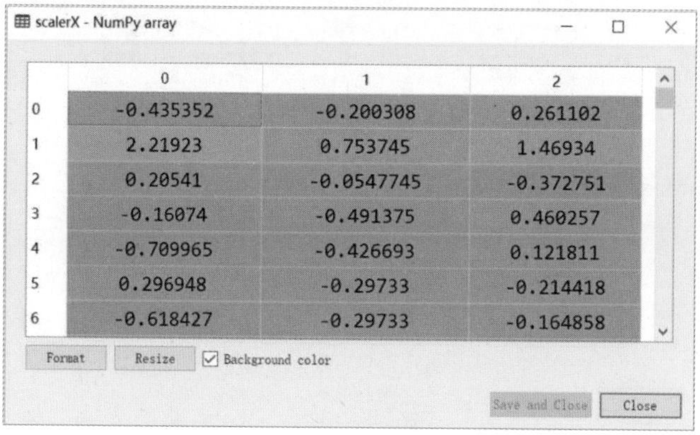

图 4-7 Z-Score 标准化后的数据

进行 Z-Score 标准化能够使基于距离的计算模型的效果有一定的提升。例如 KNN 模型的案例，进行 Z-Score 标准化后，模型的各项评分指标如图 4-8 所示。

可以看到，模型的 F1 得分，从 0.789 升到了 0.796。

k	精度度	准确度	召回率	F1值
19	0.745743	0.722022	0.852993	0.795516
21	0.745961	0.720035	0.847741	0.793399
23	0.741951	0.717368	0.850888	0.79244
13	0.748352	0.718679	0.840351	0.791405
9	0.748809	0.718648	0.83932	0.791216
17	0.745024	0.717328	0.843531	0.790998
15	0.745708	0.71731	0.842456	0.790968
27	0.740838	0.715315	0.848783	0.790925

图 4-8　进行 Z-Score 标准化后 KNN 模型评分

4.2.3　Normalizer 归一化

Normalizer 归一化是将每个样本缩放到单位范数（每个样本的范数为 1），计算公式如下：

$$\bar{x} = \frac{x}{\sum_{i=1}^{n} {x_i}^2}$$

在 sklearn 模块中，使用 Normalizer 函数进行 Normalizer 归一化，代码如下所示：

代码输入

```
from sklearn.preprocessing import Normalizer
#生成标准化对象
scaler = Normalizer()
#训练标准化对象
scaler.fit(x)
#把数据转换为标准化数据
scalerX = scaler.transform(x)
```

执行代码，即可得到 Normalizer 归一化后的数据，如图 4-9 所示。

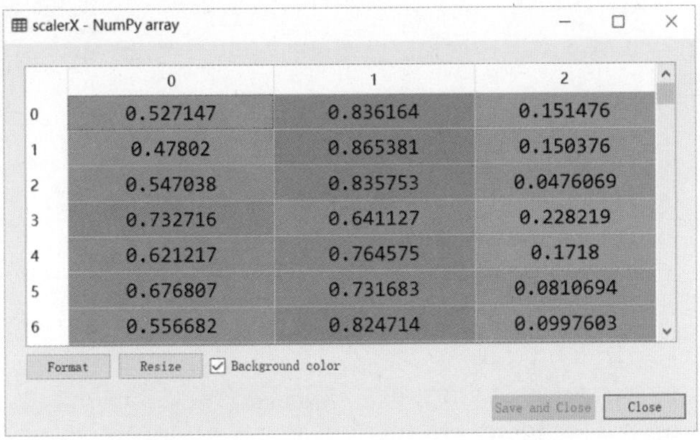

	0	1	2
0	0.527147	0.836164	0.151476
1	0.47802	0.865381	0.150376
2	0.547038	0.835753	0.0476069
3	0.732716	0.641127	0.228219
4	0.621217	0.764575	0.1718
5	0.676807	0.731683	0.0810694
6	0.556682	0.824714	0.0997603

图 4-9　Normalizer 归一化后的数据

并非所有的特征工程的手段都可以对模型产生正向的提升，例如在 KNN 模型的案例中，Normalizer 归一化并没有提升模型的各项评分指标，如图 4-10 所示：

k	精度度	准确度	召回率	F1值
28	0.711099615	0.688011912	0.859276316	0.777589263
29	0.703955839	0.683998489	0.868739035	0.777321717
25	0.700219617	0.678007378	0.863464912	0.772807299
26	0.708450142	0.681318577	0.84875	0.771547042
23	0.6975831	0.674011615	0.861348684	0.770268197
21	0.699511792	0.673998193	0.856096491	0.769255451
17	0.699483564	0.673344949	0.852960526	0.768216261
15	0.702198412	0.674025097	0.846633772	0.767201298

图 4-10　进行 Normalizer 归一化后 KNN 模型评分

4.3　数据变换

数据变换是指离散特征与连续特征之间的转换，也就是说，数据变换主要包括离散特征转换为连续特征以及连续特征转换为离散特征。在分类模型的章节中，我们已经学习了离散特征转换为连续特征的方法，那么在这一章，我们来学习连续特征的离散化。

4.3.1　二值化

二值化是指将数值特征用阈值过滤得到布尔值的过程。二值化时首先需要设置一个阈值，如果想要特征值大于这个阈值，则设置该值为 1，否则设置为 0。二值化一般用于图像处理的场景。

计算机中的黑白图像以长和宽对应的像素矩阵的形式来保存。像素点的深度使用2^n的数值表示，例如数字 0 的笔迹，可用图 4-11 中左边的矩阵表示。如果觉得左边的矩阵看起来不像数字 0，那么可以通过加深像素点的颜色，得到如图 4-11 右边所示的图形。可以看到，一个很明显的数字 0 就出现了。

0	0	5	13	9	1	0	0		0	0	5	13	9	1	0	0
0	0	13	15	10	15	5	0		0	0	13	15	10	15	5	0
0	3	15	2	0	11	8	0		0	3	15	2	0	11	8	0
0	4	12	0	0	8	8	0		0	4	12	0	0	8	8	0
0	5	8	0	0	9	8	0		0	5	8	0	0	9	8	0
0	4	11	0	1	12	7	0		0	4	11	0	1	12	7	0
0	2	14	5	10	12	0	0		0	2	14	5	10	12	0	0
0	0	6	13	10	0	0	0		0	0	6	13	10	0	0	0

图 4-11　数字的矩阵表示

在 sklearn 模块中，有一个手写数字识别的案例。我们使用 load_digits 函数可以加载手写数字识别的案例数据，代码如下所示：

代码输入

```
from sklearn.datasets  import load_digits
#加载手写数字识别案例数据
mnist = load_digits()
```

执行代码，得到如图 4-12 中所示的数据。

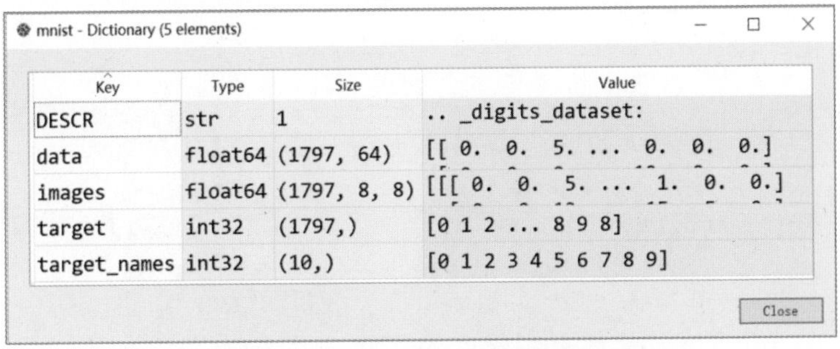

mnist - Dictionary (5 elements)

Key	Type	Size	Value
DESCR	str	1	.. _digits_dataset:
data	float64	(1797, 64)	[[0. 0. 5. ... 0. 0. 0.]
images	float64	(1797, 8, 8)	[[[0. 0. 5. ... 1. 0. 0.]
target	int32	(1797,)	[0 1 2 ... 8 9 8]
target_names	int32	(10,)	[0 1 2 3 4 5 6 7 8 9]

Close

图 4-12　手写数字识别案例数据

其中，mnist.data 就是特征数据文件。每个手写数字的图像大小为 8 像素×8 像素，总共有 1797 个手写数字样本，每个样本对应的数字保存在 mnist.target 文件中。

在 sklearn 模块中，使用 Binarizer 函数进行二值化处理。Binarizer 函数的常用参数如图 4-13 所示。

sklearn.preprocessing.Binarizer(threshold=0.0)	
参数	说明
threshold	二值化阈值，默认为0

图 4-13　Binarizer 函数的常用参数

下面，我们来学习如何使用 Binarizer 函数进行二值化处理，代码如下所示：

代码输入

```
import numpy
#使用第一个样本做演示
digitData = numpy.reshape(
    mnist.data[0],
    (8, 8)
)
from sklearn.preprocessing import Binarizer
#生成标准化对象
binarizer = Binarizer(threshold=0)
```

```
#把数据转换为标准化数据
binarizerData = binarizer.fit_transform(mnist.data)
import numpy
#使用第一个样本做演示
digitBZData = numpy.reshape(
    binarizerData[0],
    (8, 8)
)
```

执行代码，即可得到二值化前后的数字矩阵，如图 4-14 所示。

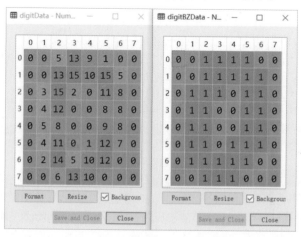

图 4-14　二值化前后的数字矩阵

然后，我们使用高斯贝叶斯模型来测试原始手写数字识别的案例数据，使用伯努利贝叶斯模型来测试二值化手写数字识别的案例数据，代码如下所示：

代码输入	输出结果

```
from sklearn.naive_bayes import GaussianNB
from sklearn.naive_bayes import BernoulliNB
from sklearn.model_selection  import cross_val_score
gaussianNB = GaussianNB()
cross_val_score(                                      0.8186003803550138
    gaussianNB,
    mnist.data, mnist.target, cv=3,
).mean()


bernoulliNB = BernoulliNB()
cross_val_score(
    bernoulliNB,                                      0.8258236507780582
    binarizerData, mnist.target, cv=3,
).mean()
```

执行代码，可以看到，使用二值化特征建模的伯努利贝叶斯模型，其 3 折交叉验证的得分稍高于直接使用原始特征的高斯贝叶斯模型。

4.3.2　分桶

分桶是指将一个连续特征转换成多个二元特征（称为桶或箱），通常根据值区间进行转换。例如，可以将温度区间分割为离散分箱，而不是将温度表示成单个连续的浮点特征。假设温度数据可精确到小数点后一位，则可以将 0.0℃ ~ 15.0℃ 之间的所有温度都归入一个分箱[0.0, 15.0]，将 15.1℃ ~ 30.0℃ 之间的所有温度归入第二个分箱[15.1, 30.0]，并将 30.1℃ ~ 50.0℃ 之间的所有温度归入第三个分箱[30.1, 50.0]。

在 pandas 模块中，可以使用 qcut 函数实现均匀分桶。它的常用参数如图 4-15 所示。

pandas.qcut(x, q, labels=None)	
参数	说明
x	要进行分桶的列
q	分组设置，如果需要均匀分组，那么设置为分组数即可 如果需要按照指定百分比分组，例如第一个分组占比50%，第二个 分组占比30%，第三个分组占比20%，那么设置为[0, 0.5, 0.8, 1]
labels	每个分组的自定义标签，默认为None

图 4-15　qcut 函数的常用参数

下面，我们使用 KNN 模型中商家是否续约的案例数据来演示分桶的操作，代码如下所示：

代码输入

```
import pandas
data = pandas.read_csv(
    'D:\\PDMBook\\第 4 章 特征工程\\4.3 数据变换\\华南地区.csv',
    engine='python', encoding='utf8'
)
data['注册时长_cut'] = pandas.qcut(
    data.注册时长, 10
)
data['营收收入_cut'] = pandas.qcut(
    data.营收收入, 10
)
data['成本_cut'] = pandas.qcut(
    data.成本, 10
)
```

执行代码，即可得到分桶前后的数据，如图 4-16 所示。

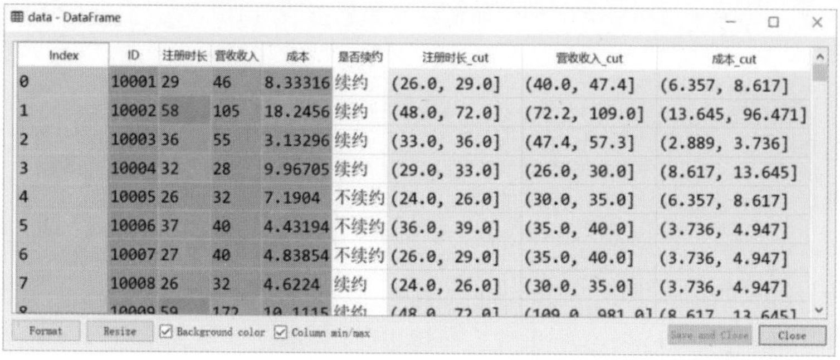

Index	ID	注册时长	营收收入	成本	是否续约	注册时长_cut	营收收入_cut	成本_cut
0	10001	29	46	8.33316	续约	(26.0, 29.0]	(40.0, 47.4]	(6.357, 8.617]
1	10002	58	105	18.2456	续约	(48.0, 72.0]	(72.2, 109.0]	(13.645, 96.471]
2	10003	36	55	3.13296	续约	(33.0, 36.0]	(47.4, 57.3]	(2.889, 3.736]
3	10004	32	28	9.96705	续约	(29.0, 33.0]	(26.0, 30.0]	(8.617, 13.645]
4	10005	26	32	7.1904	不续约	(24.0, 26.0]	(30.0, 35.0]	(6.357, 8.617]
5	10006	37	40	4.43194	不续约	(36.0, 39.0]	(35.0, 40.0]	(3.736, 4.947]
6	10007	27	40	4.83854	不续约	(26.0, 29.0]	(35.0, 40.0]	(3.736, 4.947]
7	10008	26	32	4.6224	续约	(24.0, 26.0]	(30.0, 35.0]	(3.736, 4.947]
8	10009	59	172	10.1115	续约	(48.0, 72.0]	(109.0, 981.0]	(8.617, 13.645]

图 4-16　分桶前后的数据

分别对分桶之后的注册时长、营收收入、成本进行分组统计，代码如下所示：

代码输入	输出结果
`data.groupby('注册时长_cut')['ID'].count()`	注册时长_cut (18.999, 21.0]　203 (21.0, 24.0]　161 (24.0, 26.0]　110 (26.0, 29.0]　154 (29.0, 33.0]　138 (33.0, 36.0]　159 (36.0, 39.0]　190 (39.0, 41.0]　105 (41.0, 48.0]　132 (48.0, 72.0]　148 Name: ID, dtype: int64
`data.groupby('营收收入_cut')['ID'].count()`	营收收入_cut (12.999, 22.0]　187 (22.0, 26.0]　138 (26.0, 30.0]　149 (30.0, 35.0]　130 (35.0, 40.0]　148 (40.0, 47.4]　148 (47.4, 57.3]　150 (57.3, 72.2]　150 (72.2, 109.0]　151 (109.0, 981.0]　149 Name: ID, dtype: int64
`data.groupby('成本_cut')['ID'].count()`	成本_cut (0.513, 0.99]　150

```
(0.99, 1.541]        152
(1.541, 2.19]        148
(2.19, 2.889]        154
(2.889, 3.736]       146
(3.736, 4.947]       150
(4.947, 6.357]       150
(6.357, 8.617]       150
(8.617, 13.645]      150
(13.645, 96.471]     150
Name: ID, dtype: int64
```

执行代码，可以看到，基本上每个特征的每个分组都接近于均匀分布。

下面，我们使用贝叶斯算法来演示分桶对模型得分的改进效果，代码如下所示：

代码输入	输出结果

```
from sklearn.naive_bayes import GaussianNB
from sklearn.model_selection  import cross_val_score
#特征变量
x = data[['注册时长', '营收收入', '成本']]
#目标变量
y = data['是否续约']
gaussianNB = GaussianNB()                    0.6599897572923625
cross_val_score(
    gaussianNB,
    x, y, cv=3,
).mean()


cutX = data[[
    '注册时长_cut',
    '营收收入_cut',
    '成本_cut'
]]
from sklearn.preprocessing import OneHotEncoder
#新建独热编码器
oneHotEncoder = OneHotEncoder()
#训练独热编码器，得到转换规则
oneHotEncoder.fit(cutX.astype(str))
#转换数据
ohX = oneHotEncoder.transform(cutX.astype(str)    0.6713258159699306

from sklearn.naive_bayes import BernoulliNB
bernoulliNB = BernoulliNB()
cross_val_score(
```

```
    bernoulliNB,
    ohX, y, cv=3,
).mean()
```

执行代码，可以看到，使用将连续特征分桶后的离散特征构造伯努利贝叶斯模型，比直接使用高斯贝叶斯模型效果稍好一点。

4.3.3 幂变换

在许多建模场景中，需要数据集中的特征正态化，例如高斯贝叶斯模型。幂变换是一类参数化的单调变换，其目的是将数据从任何分布映射到尽可能接近高斯分布，以便稳定方差和最小化偏斜。

在 sklearn 模块中，使用 PowerTransformer 函数进行连续特征正态化的操作。它的常用参数，如图 4-17 所示。

sklearn.preprocessing.PowerTransformer(method='yeo-johnson', standardize=True)	
参数	说明
method='yeo-johnson'	正态化算法，默认使用yeo-johnson
standardize=True	是否将变换后的特征标准化，默认为标准化

图 4-17 PowerTransformer 函数的常用参数

下面，我们使用 KNN 模型中的商家是否续约的案例数据，来演示正态化的操作，代码如下所示：

代码输入

```
import pandas
data = pandas.read_csv(
    'D:\\PDMBook\\第4章 特征工程\\4.3 数据变换\\华南地区.csv',
    engine='python', encoding='utf8'
)
#特征变量
x = data[['注册时长', '营收收入', '成本']]
#目标变量
y = data['是否续约']
from sklearn.preprocessing import PowerTransformer
powerTransformer = PowerTransformer()
powerTransformer.fit(x)
px = powerTransformer.transform(x)
```

执行代码，即可得到正态化后的数据，如图 4-18 所示。

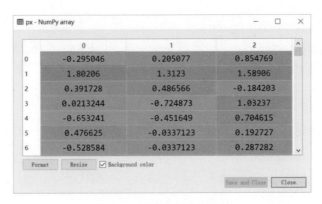

图 4-18　正态化后的数据

　　下面，我们使用贝叶斯算法来演示正态化对模型得分的改进效果，代码如下所示：

代码输入	输出结果
```from sklearn.naive_bayes import GaussianNB```	
```from sklearn.model_selection import cross_val_score```	
```gaussianNB = GaussianNB()```	
```cross_val_score(```	0.6599897572923625
``` gaussianNB,```	
``` x, y, cv=3,```	
```).mean()```	
```gaussianNB2 = GaussianNB()```	0.6813204986153277
```cross_val_score(```	
``` gaussianNB2,```	
``` px, y, cv=3,```	
```).mean()```	

　　执行代码，可以看到，使用正态化后的特征构造高斯贝叶斯模型，比直接使用高斯贝叶斯模型效果略好。

4.4　缺失值处理

　　信息系统往往是不完备的，经常会有数据缺失。产生缺失数据一般有两种原因。第一种是有些信息暂时无法获取，例如一个单身人士的配偶，或者一个未成年儿童的收入等；第二种是有些信息被遗漏或者错误地处理了。

　　缺失数据是不可避免的，我们经常要做缺失数据的处理。处理缺失数据，一般有三种方法：

第一种方法是不处理。例如单身人士的配偶，不存在是正常的，可以不处理。

第二种方法是删除缺失值对应的行，这种方法在样本数据较少的时候，谨慎使用。

第三种方法是数据补齐。使用规则或模型，对缺失的数据进行补齐。

缺失值处理案例

某商品厂家对用户做了一次调研，得到了用户的国家、年龄、工资以及是否会购买商品的数据，如图 4-19 所示。

国家	年龄	工资	购买
France	44	72000	No
Spain	27	48000	Yes
Germany	30	54000	No
Spain	38	61000	No
Germany	40		Yes
France	35	58000	Yes
Spain		52000	No
France	48	79000	Yes

图 4-19　缺失值处理案例数据

可以看到，在"年龄"和"工资"两列分别有一个缺失值。我们使用这份数据来学习如何处理缺失值。

4.4.1　删除缺失值所在的行

删除缺失值所在的行的操作非常简单，直接使用 DataFrame 模块的 dropna 函数即可，代码如下所示：

代码输入

```
import pandas
#将数据读取到 data 变量中
data = pandas.read_csv(
    'D:\\PDMBook\\第 4 章 特征工程\\4.4 缺失值处理\\缺失值.csv',
    encoding='utf8',
    engine='python'
)
#直接删除缺失值
dropNaData = data.dropna()
```

执行代码，即可得到删除缺失值后的数据，如图 4-20 所示。

图 4-20　删除缺失值后的数据

4.4.2　均值/众数/中值填充

在 sklearn 模块中，可以使用 Imputer 函数对数据中的缺失值进行填充。Imputer 函数的常用参数如图 4-21 所示。

sklearn.preprocessing.Imputer(strategy='mean')	
参数	说明
strategy	数据填充方式，默认使用均值填充，可选：median和most_frequent

图 4-21　Imputer 函数的常用参数

Imputer 函数的使用方法如下所示：

代码输入

```
from sklearn.preprocessing import Imputer
imputer = Imputer(strategy='mean')
#使用均值填充缺失值
data['年龄_Imputer'] = imputer.fit_transform(data[['年龄']])
data['工资_Imputer'] = imputer.fit_transform(data[['工资']])
```

执行代码，即可得到使用均值填充缺失值后的数据，如图 4-22 所示。

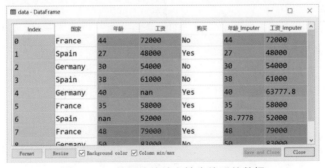

图 4-22　使用均值填充缺失值后的数据

4.4.3 模型填充

训练模型使用有监督的方式填充缺失值，方法很简单，具体如下。

1. 确定要填充哪列的缺失值

例如本节的案例中，"年龄"和"工资"两列都存在缺失值，因此需要先确定处理哪列的缺失值。下面演示如何填充年龄列中的缺失值。

2. 把要处理的列作为目标列，其他列作为特征列，清除特征列中的缺失值

例如本节的案例中，"工资"列中存在缺失值，它又是特征列，因此需要把"工资"列中存在缺失值的行删掉。

3. 把目标列中的缺失值过滤出来，作为预测数据，其他数据作为训练数据进行建模

4. 对训练数据进行特征处理

例如本节的案例中，因为要使用回归模型预测缺失的年龄值，所以需要对离散特征"国家"和"购买"进行独热处理。

5. 训练模型，对缺失值进行预测。

下面我们按照上面的步骤，来对"年龄"这一列的数据进行填充，代码如下所示：

代码输入	输出结果

```
#先处理年龄的缺失值，
#因此把"工资"列的缺失值删掉
data_predict_年龄 = data.dropna(subset=["工资"])

#找出剩下数据中，年龄缺失值所在位置
年龄NA_index = data_predict_年龄.年龄.isna()

#获取训练数据和预测数据
data_predict_年龄_fit = data_predict_年龄[~年龄NA_index]
data_predict_年龄_predict = data_predict_年龄[年龄NA_index]

#开始进行线性回归建模
from sklearn.preprocessing import OneHotEncoder

#对训练数据进行特征处理
```

```
oneHotEncoder = OneHotEncoder()
oneHotData_fit = oneHotEncoder.fit_transform(
    data_predict_年龄_fit[['国家', '购买']]
)
from scipy.sparse import hstack
#将独热编码所得的数据和工资数据合并在一起
x_fit = hstack([
    oneHotData_fit,
    data_predict_年龄_fit.工资.values.reshape(-1, 1)
])
y_fit = data_predict_年龄_fit['年龄']

#训练线性回归模型
from sklearn.linear_model import LinearRegression
linearRegression = LinearRegression()
linearRegression.fit(x_fit, y_fit)
                                                    array([31.65])

#处理要预测的数据的特征
oneHotData_predict = oneHotEncoder.transform(
    data_predict_年龄_predict[['国家', '购买']]
)
x_predict = hstack([
    oneHotData_predict,
    data_predict_年龄_predict.工资.values.reshape(-1, 1)
])
#预测缺失值
linearRegression.predict(x_predict)
```

执行代码，可以看到，通过模型预测的年龄缺失值为 31.65，而通过均值填充的年龄缺失值为 38.78，很明显模型预测的年龄缺失值更加合理，但是工作量比较大。

4.5　降维

在建模的过程中，如果特征矩阵的维度过大，计算量相应也会很大，这有可能导致训练时间过长的问题。一般我们通过降维的方法来解决这个问题。降维的目的就是在尽量不影响模型效果的前提下，压缩特征的维度，从而解决模型训练时间过长的问题。

目前主要的降维算法是主成分分析（PCA）和因子分析（FA）。

4.5.1　主成分分析

世上的每种事物都有非常多的特征，我们在评价某事物的时候，仅依据某一特征进行评价，难免有失偏颇。那么，如何综合多个特征对事物进行评价呢？做主成分分析。主成分分析是一种从所有样本中选出综合实力最强样本的分析方法。

电影综合评分案例

例如，有一份电影的累计票房和豆瓣评分数据，如图 4-23 所示。

电影名称	累计票房	豆瓣评分
《无敌小金刚》	4742.92	6.6
《开心度假》	3398	7
《飞翔》	2491.9	4.2
《蓝天的故事》	2149	7.7
《回到远古时代》	2070	9.1

图 4-23　电影票房与豆瓣评分数据

我们如何来评判哪部电影才是最优的呢？使用累计票房这个指标？还是豆瓣评分这个指标？无论使用哪一个，都会有失偏颇。这时就可以使用主成分分析来评判。

我们先画出数据的散点图，代码如下所示：

代码输入

```python
import pandas
import matplotlib
import matplotlib.pyplot as plt

data = pandas.read_csv(
    'D:\\PDMBook\\第 4 章 特征工程\\4.5 降维\\movie.csv',
    encoding='utf8',
    engine='python'
)

mainColor = (42/256, 87/256, 141/256, 1)
#通过字体路径和文字大小，
#生成字体属性，赋值给 font 变量
font = matplotlib.font_manager.FontProperties(
    fname='D:\\PDMBook\\SourceHanSansCN-Light.otf',
    size=30
)

fig = plt.figure()

plt.xlabel('累计票房', fontproperties=font)
plt.ylabel('豆瓣评分', fontproperties=font)
plt.xlim([0, data['累计票房'].max()*1.5])
```

```
plt.ylim([0, data['豆瓣评分'].max()*1.5])

#画线
plt.scatter(
    data['累计票房'], data['豆瓣评分'],
    alpha=0.5, s=200, marker="o",
    facecolors='none',
    edgecolors=mainColor,
    linewidths=5
)

data.apply(
    lambda row: plt.text(
        row.累计票房, row.豆瓣评分,
        row.电影名称, fontsize=15,
        fontproperties=font
    ), axis=1
)
```

执行代码，得到如图 4-24 所示的散点图。

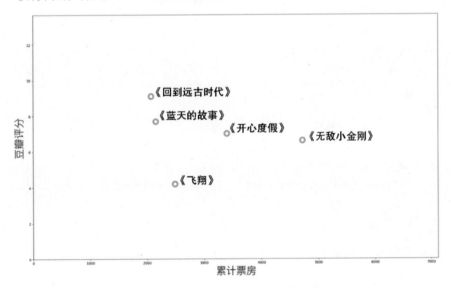

图 4-24 电影票房与豆瓣评分散点图

从散点图可以看到，《回到远古时代》虽然票房少，但是评分非常高，《无敌小金刚》虽然票房高，但是评分不高。下面我们来看看，如何使用主成分分析找出综合得分最高的影片。

（1）对所有特征进行 Z-Score 标准化

Z-Score 的计算很简单，代码如下所示：

代码输入

```
from sklearn.preprocessing import scale
#标准化数据
data['标准化累计票房'] = scale(data['累计票房'])
data['标准化豆瓣评分'] = scale(data['豆瓣评分'])
```

执行代码，即可得到标准化后的数据，如图 4-25 所示。

data - DataFrame

Index	电影名称	累计票房	豆瓣评分	标准化累计票房	标准化豆瓣评分
0	《无敌小金刚》	4742.92	6.6	1.76567	-0.199471
1	《开心度假》	3398	7	0.425976	0.0498677
2	《飞翔》	2491.9	4.2	-0.476607	-1.6955
3	《蓝天的故事》	2149	7.7	-0.818175	0.48621
4	《回到远古时代》	2070	9.1	-0.896869	1.3589

Format　Resize　☑ Background color　☑ Column min/max　Save and Close　Close

图 4-25　将电影票房与豆瓣评分标准化后的数据

（2）画出标准化后的散点图

代码如下所示：

代码输入

```
fig = plt.figure()

plt.xlabel('标准化累计票房', fontproperties=font)
plt.ylabel('标准化豆瓣评分', fontproperties=font)
plt.xlim([data['标准化累计票房'].min()*1.3, data['标准化累计票房'].max()*1.6])
plt.ylim([data['标准化豆瓣评分'].min()*1.3, data['标准化豆瓣评分'].max()*1.6])

plt.scatter(
    data['标准化累计票房'],
    data['标准化豆瓣评分'],
    alpha=0.5, s=200, marker="o",
    facecolors='none',
    edgecolors=mainColor, linewidths=5
)

data.apply(
    lambda row: plt.text(
```

```
    row.标准化累计票房，row.标准化豆瓣评分，
    row.电影名称, fontsize=15, fontproperties=font
), axis=1
)
```

执行代码，即可得到数据标准化后的散点图，如图 4-26 所示。

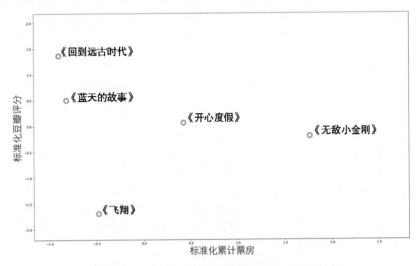

图 4-26 将电影票房与豆瓣评分标准化后的散点图

（3）画出 $y = x$ 的直线

代码如下所示：

```
import numpy
plt.plot(
    numpy.arange(-5, 5),
    numpy.arange(-5, 5),
    color=mainColor, linewidth=5
)
```

执行代码，所绘图形如图 4-27 所示。

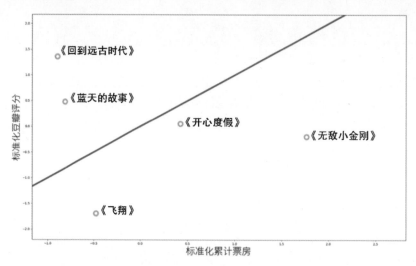

图 4-27　将电影票房与豆瓣评分标准化后的散点图

（6）求解每个点在 $y = x$ 这条直线的投影

根据点到直线的投影公式：

$$x = \frac{b(bx_0 - ay_0) - ac}{a^2 + b^2}, \quad y = \frac{a(-bx_0 + ay_0) - bc}{a^2 + b^2}$$

可以知道，每个点到 $y=x$ 这条直线的投影坐标为 $(\frac{x+y}{2}, \frac{x+y}{2})$，绘图代码如下所示：

代码输入

```
def verticalPoints(x, y):
    x0 = (x+y)/2
    y0 = (x+y)/2
    plt.scatter(
        x0, y0,
        alpha=0.5, s=200,
        marker="o", facecolors='none',
        edgecolors=mainColor, linewidths=5
    )
    plt.plot(
        [x, x0], [y, y0],
        color=mainColor, linewidth=3
    )

data.apply(
    lambda row: verticalPoints(
        row.标准化累计票房,
        row.标准化豆瓣评分
```

```
), axis=1
)
```

执行代码，即可得到每个点到直线上的投影，如图 4-28 所示。

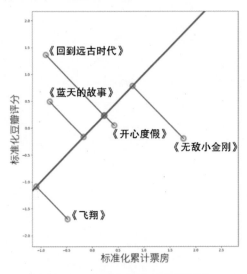

图 4-28　每个点到直线上的投影

（5）根据投影位置得到电影的综合得分

最后，我们根据每部电影在 $y = x$ 直线上的投影值，就可以得到该部电影的综合评价。从图中我们可以看出，《无敌小金刚》以绝对的优势占据榜首。而《开心度假》虽然票房高，但是评分不高，和票房少但是评分高的《回到远古时代》打成平手。排在最后的是《飞翔》，它票房又少，评分又低，所以排在了最后。

主成分分析过程

图 4-29 所示是一份拉面馆关于面、配料、汤评价的调研结果数据。

拉面馆	面	配料	汤
二乐	2	4	5
梦田屋	1	5	1
地回	5	3	4
菜之花	2	2	3
花之节	3	5	5
升辰轩	4	3	2
丸臧拉面	4	4	3
海乐婷	1	2	1
鸣海家	3	3	2
奏月	5	5	3

图 4-29　拉面馆评价调研数据

先读取数据，代码如下所示：

代码输入

```
import pandas
import matplotlib
import matplotlib.pyplot as plt

data = pandas.read_csv(
    'D:\\PDMBook\\第 4 章 特征工程\\4.5 降维\\pca.csv',
     engine='python', encoding='utf8'
)
```

下面我们使用这份数据来演示主成分分析的过程，步骤如下：

(1) 对数据进行标准化

标准化的代码如下所示：

代码输入

```
from sklearn.preprocessing import scale
#一、对数据进行标准化
scalaData = pandas.DataFrame(
    scale(data[['面', '配料', '汤']]),
    columns=['面', '配料', '汤'], index=data.index
)
```

执行代码，得到标准化后的数据，如图 4-30 所示。

scalaData - DataFrame			
Index	面	配料	汤
0	-0.707107	0.359211	1.52753
1	-1.41421	1.25724	-1.38205
2	1.41421	-0.538816	0.800132
3	-0.707107	-1.43684	0.0727393
4	0	1.25724	1.52753
5	0.707107	-0.538816	-0.654654
6	0.707107	0.359211	0.0727393
7	-1.41421	-1.43684	-1.38205
8	0	-0.538816	-0.654654
9	1.41421	1.25724	0.0727393

图 4-30 标准化后的评价调研数据

(2) 求相关系数矩阵

代码如下所示：

代码输入

```
#二、求相关系数矩阵
corrMatrix = scalaData.corr()
```

执行代码，结果如图 4-31 所示。

图 4-31　标准化后的评价调研数据的相关系数矩阵

（3）求相关系数矩阵的特征向量和特征值

代码如下所示：

代码输入

```
import numpy
#三、求相关系数矩阵的特征向量和特征值
values, vectors = numpy.linalg.eig(corrMatrix)
```

经过计算，相关系数矩阵的特征值为 1.57285386、0.81400832、0.61313782。

（4）计算主成分得分

代码如下所示：

代码输入

```
#四、计算主成分得分
PA1 = -1*(scalaData*vectors[:, 0]).sum(axis=1)
PA2 = -1*(scalaData*vectors[:, 1]).sum(axis=1)
data['PA1'] = PA1
data['PA2'] = PA2
```

（5）计算贡献度和累积贡献度

主成分分析的成功与否，是通过累积贡献度来判断的。第 i 主成分的贡献度说明了这个主成分汇集了多少分析对象数据信息，它的值越大，说明汇集的信息越多。累积贡献度的计算公式，如下所示：

$$第\ i\ 主成分的贡献度 = \frac{100 \times 特征值}{维度}$$

$$第\ i\ 主成分累积贡献度 = \sum_{i=1}^{n} 第i主成分的贡献度$$

累积贡献度的计算代码如下所示：

代码输入	结果输出
#五、计算贡献度和累积贡献度	
#贡献度	
proportionVar = values/sum(values)	
proportionVar	array([0.52428, 0.27133, 0.20437])
#累积贡献度	
cumulativeVar =	
numpy.cumsum(values)/sum(values)	array([0.52428, 0.79562, 1.])
cumulativeVar	

可以看到，前两个主成分汇集了原始数据 80% 的信息，因此，我们选取这两个主成分来分析。

sklearn 模块中的主成分分析

Iris 数据集是常用的分类实验数据集，由[Fisher, 1936]收集整理。如图 4-32 所示，Iris 是鸢尾花卉数据集，它是一类进行多重变量分析的数据集。数据集包含 150 个数据样本，分为 3 类，每类 50 个数据，每个数据包含 4 个属性。可通过花萼长度（sepal length）、花萼宽度（sepal width）、花瓣长度（petal length）、花瓣宽度（petal width）4 个特征预测鸢尾花卉属于 Iris Setosa、Iris Versicolor、Iris Virginica 三个种类中的哪一类。

Iris Versicolor   **Iris Setosa**   **Iris Virginica**

图 4-32　Iris 数据集中三种类别的鸢尾花

在 sklearn 模块中，使用 PCA 函数进行主成分分析。PCA 的常用参数如图 4-33 所示。

sklearn.decomposition.PCA(n_components=None)	
参数	说明
n_components	主成分的个数，默认为样本数或特征数的最小值减 1

图 4-33　PCA 函数的常用参数

下面我们使用 Iris 的数据来演示 sklearn 模块中主成分分析 PCA 函数的使用方法。首先当然是将 Iris 的特征数据分别导入 x 变量和 y 变量中，代码如下所示：

代码输入

```
from sklearn import datasets

iris = datasets.load_iris()

x = iris.data
y = iris.target
```

执行代码，得到 Iris 的特征集合，如图 4-34 所示。

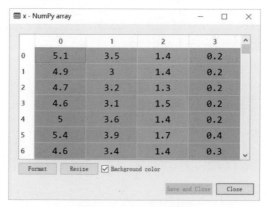

图 4-34　Iris 特征数据

可以看到，Iris 有 4 个特征，而我们一般绘制二维的图形，因此，需要使用 PCA 函数对 Iris 数据进行降维，以方便我们绘制二维的图形。代码如下所示：

代码输入

```
from sklearn.decomposition import PCA
pca = PCA(n_components=2)
x_2 = pca.fit_transform(x)
```

执行代码，即可得到降维后的数据，如图 4-35 所示。

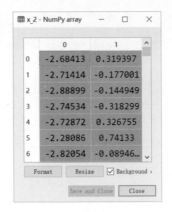

图 4-35　降维后的特征

然后，使用降维后的特征值绘制图形，代码如下所示：

代码输入

```
import matplotlib.pyplot as plt
plt.figure()
plt.scatter(x_2[:,0], x_2[:,1], c=y)
```

执行代码，得到如图 4-36 所示的图形。

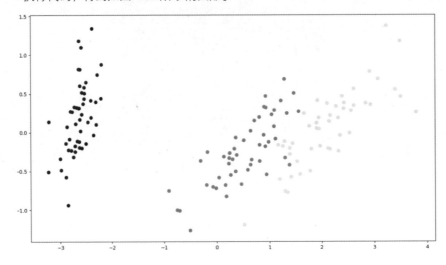

图 4-36　根据 Iris 降维后的特征所绘制的分类图形

4.5.2　因子分析

因子分析，又称为探索性因子分析，它是通过研究变量之间的相关系数矩阵，把这些变量间错综复杂的关系归结成少数几个综合因子，并据此对变量进行分类的一种统计分析方法。归结出来的因子个数虽然少于原始变量的个数，但是却包含了原始变量的重要信息，因此，这一分析过程也称为降维，常用来分析多元观测变量的本质结构。

下面我们通过最常见的科目类别划分来了解因子分析的过程。

如图 4-37 所示，现在有 4 个科目，分别是语文、历史、数学和物理。如果觉得科目太多，则可以把它们划分为两个组，组中的科目，它们的相关性很强，而不属于一个组的科目，它们的相关性很弱。

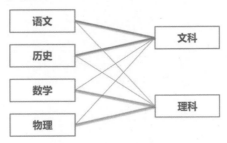

图 4-37　科目归类图示

根据这个划分的定义，可以知道，语文和历史可以归纳为一个因子，名字叫"文科"。因此，对于文科这个因子，语文和历史贡献最大。同理，数学和物理可以归纳为一个"理科"的因子，对于理科这个因子，数学和物理的贡献最大。这里需要注意的是，虽然语文和历史对理科这个因子贡献小，但是并不是没有，只是少而已。

这样，我们就可以使用文科成绩和理科成绩作为四门成绩的变量。

讲到这里，读者们可能发现，因子分析和主成分分析似乎区别不大，都是一种降维的算法而已。没错，因子分析只是主成分分析的一种拓展，它在主成分分析的基础上，通过对因子进行旋转，使得因子之间的相关性较低，而因子内部的变量之间相关性较高，从而可以更好地解读因子。

在 sklearn 模块中，使用 FactorAnalysis 函数进行因子分析。它的常用参数如图 4-38 所示。

sklearn.decomposition.FactorAnalysis(n_components=None)	
参数	说明
n_components	因子个数，默认为特征数

图 4-38　FactorAnalysis 函数的常用参数

餐饮店设计了一份调查问卷，问卷的内容是关于消费者对店铺的店面设计、店内气氛、服务态度、味道、价格以及美感的评价，最高 5 分，最低 1 分。调查数据如图 4-39 所示。

店面设计	店内气氛	服务态度	味道	价格	美感
5	5	5	4	4	2
5	4	5	2	2	2
4	4	4	4	4	4
2	3	4	3	3	3
3	3	3	3	4	1
5	4	5	3	2	3
5	5	5	4	5	5
3	1	2	5	4	4
4	1	3	3	2	3
1	2	2	2	2	2
3	2	3	1	1	1
4	3	4	4	3	4
3	2	3	4	5	5
4	3	4	5	4	5
2	2	3	5	5	4

图 4-39　餐饮店消费者调查问卷数据

如果直接分析这 6 个特征值，会比较困难，人类观察两个以上的特征值，会感觉混乱。这时，我们可以先通过主成分分析，从这 6 个特征中抽象出更加直观、数量更少的特征。

首先是导入数据，代码如下所示：

代码输入

```
import pandas

data = pandas.read_csv(
    'D:\\PDMBook\\第 4 章 特征工程\\4.5 降维\\fa.csv',
    encoding='utf8', engine='python'
)
```

然后，使用 FactorAnalysis 函数进行因子分析，代码如下所示：

代码输入

```
from sklearn.preprocessing import scale
from sklearn.decomposition import FactorAnalysis
fa = FactorAnalysis(n_components=2)
#进行因子分析之前，需要对数据进行标准化
faData  = fa.fit_transform(scale(data))
```

执行代码后，抽象出了两个因子，如图 4-40 所示。

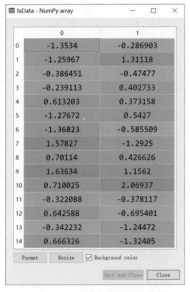

图 4-40　调查问卷因子数值

　　下面，我们从因子分析模型中，获取合适的因子载荷矩阵。这个因子载荷矩阵主要用于解释每个因子的意思，代码如下所示：

代码输入

```
#获取因子的载荷矩阵
loadingVSK = pandas.DataFrame({
    "PA1": fa.components_[0],
    "PA2": fa.components_[1]
})
#把列名添加到载荷矩阵的数据框中
loadingVSK['colName'] = data.columns.values
```

　　执行代码，即可得到每个因子的载荷数据，如图 4-41 所示。

Index	PA1	PA2	colName
0	-0.806711	-0.0608752	店面设计
1	-0.893944	0.00862222	店内气氛
2	-0.990423	0.0266631	服务态度
3	-0.0453122	-0.973537	味道
4	-0.0657671	-0.839794	价格
5	-0.114043	-0.783238	美感

图 4-41　因子载荷数据

　　直接观察这个数据框，难以发现每个因子的意义，一般将它们绘制成散点图来观察。借助于图形，我们可以更好地总结因子的意义，代码如下所示：

代码输入

```
import matplotlib
import matplotlib.pyplot as plt
#字体
font = matplotlib.font_manager.FontProperties(
    fname='D:\\PDMBook\\SourceHanSansCN-Light.otf',
    size=30
)

fig = plt.figure()

#画出原点坐标轴
plt.axvline(x=0, linewidth=1)
plt.axhline(y=0, linewidth=1)

#解决符号是乱码的问题
#matplotlib.rcParams['axes.unicode_minus'] = False
plt.rcParams['axes.unicode_minus']=False
plt.scatter(
    loadingVSK['PA1'],
    loadingVSK['PA2']
)
loadingVSK.apply(
    lambda row: plt.text(
        row.PA1, row.PA2,
        row.colName, fontproperties=font
    ), axis=1
)
```

执行代码，得到因子成分载荷的散点图，如图 4-42 所示。

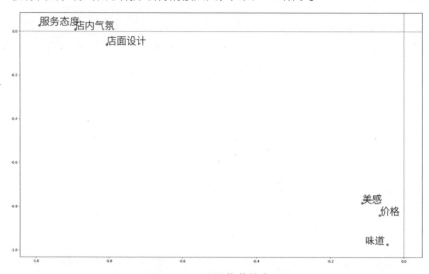

图 4-42 因子载荷散点图

由散点图可以看到，服务态度、店内气氛、店面设计这三个特征值，可以作为软指标，而美感、价格、味道则可以归纳为硬指标。这样，我们就可以使用软、硬两个指标去分析数据了。

最后，我们来看看这个因子分析模型的累积贡献度，看是否能够超过50%，也就是是否包含原来数据50%以上的信息，代码如下所示：

代码输入	结果输出
#第一个因子的贡献度	0.408
sum(loadingVSK['PA1']**2)/6	
#第二个因子的贡献度	0.378
sum(loadingVSK['PA2']**2)/6	
#两个因子加起来的贡献度	0.787
sum(loadingVSK['PA1']**2)/6+sum(loadingVSK['PA2']**2)/6	

可以看到，累积贡献度达到了 79%，超过了 50%，说明该因子分析可用于实践。如果累积贡献度偏低（低于 50%），我们应该增加因子的个数，然后重新建立因子分析模型，直到累积贡献度达到50%为止。

第**5**章
聚类算法

聚类（Clustering）又称为聚类分析，它根据样本的特征发现它们之间的关系，从而将样本划分为不相交的分组。聚类的目标，是让同一组内的样本相似性高，不同组之间的对象差异性大。组内相似性越高，组间差异性越大，说明聚类效果越好，如图5-1所示。

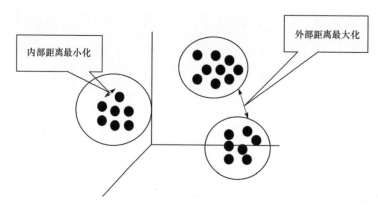

内部距离最小化

外部距离最大化

图5-1 聚类算法图示

因为聚类是在没有给定标记的前提下进行的，它使用迭代的技术，根据样本特征相似性进行分组，所以聚类算法是无监督学习算法。

5.1　K 均值算法

K 均值是最常用的一种聚类算法,该算法最大的特点是简单,好理解,运算速度快。但是它只能应用于连续型的数据,并且一定要在聚类前手工指定分几类。

5.1.1　K 均值算法的核心概念

K 均值聚类算法的目标是把 n 个样本点划分到 k 个分组中,每个分组都有一个质心,分组中的每个点离它所属的分组的质心距离最短。

质心

质心是 K 均值聚类算法的核心,它是通过对一个类别内所有样本点的均值进行计算所得到的中心点。如图 5-2 所示,假设黄色点为样本点,那么可以将它们聚为 3 个类别,每个类别对应的点就是圆圈内的点。那么,蓝色的点就是圆圈内的点的质心,质心的位置就是类别内所有点的中心。

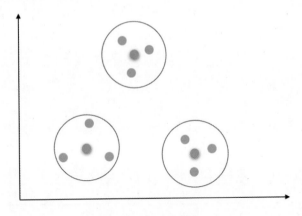

图 5-2　质心图示

K 均值数学定义

假设有 n 个样本,需要划分到 k 个分组,第 i 个样本为 x_i,它对应的质心为 $u_j, j \in [1, k]$,那么 K 均值聚类算法的目标,就是找到一组稳定的质心 $u_1, u_2, \cdots, u_k$,使得以下式最小。

$$J = \sum_{i=1}^{n} (x_i - u_j)^2$$

过程

K 均值聚类的过程非常简单，下面我们通过图形的方式，来了解 K 均值聚类的整个过程。

如图 5-3 所示，左边图有 9 个黄色的样本点，通过观察，很明显应该将它们划分为 3 个组，所以 K 均值的 k 就设置为 3。确定了 k 值后，需要随机找出 3 个点。为了体现随机性，我们直接使用左下角的那 3 个点，把它们标记为蓝色，如图 5-4 所示。

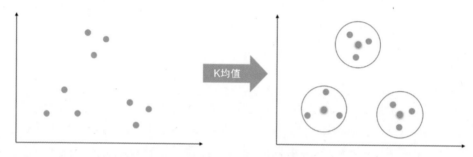

图 5-3　K 均值聚类的目标

然后，计算黄色点到蓝色点的距离，确定黄色点到哪个蓝色点的距离最近，把它们归为一类，用红色圈圈出，如图 5-5 所示。

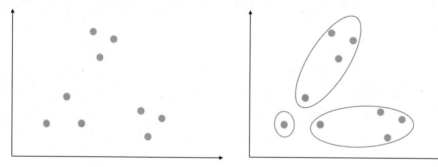

图 5-4　随机初始化 k 个质心点　　　　　图 5-5　第一次分组

接着，把每组的中心作为新的质心点。因为左下角那个组只有一个点，所以这个组的质心原地不动，如图 5-6 所示。

然后，再次计算黄色点到蓝色点的距离，确定黄色点到哪个蓝色点的距离最近，把它们归为一类，用红色圈圈出，如图 5-7 所示。

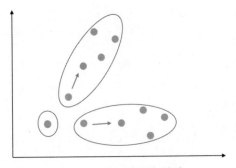

图 5-6　第一次质心移动

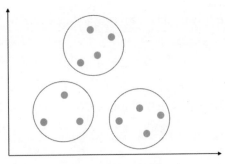

图 5-7　第二次分组

接着，再把每组的中心作为新的质心点，如图 5-8 所示。

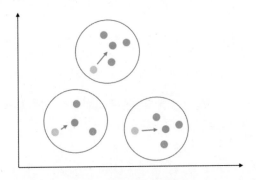

图 5-8　第二次质心移动

第二次质心移动后，我们再计算每个黄色点到蓝色点的距离，发现它们的分组不再变化，质心也不再变化，此时分组就达到了稳定的状态，如图 5-9 所示。

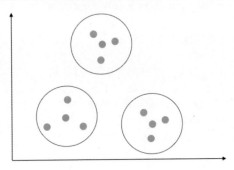

图 5-9　质心稳定状态

这就是 K 均值聚类的过程，整体思想就是使得样本点与质心点的距离最短。在随机初始化质心点后，将与质心点距离最短的样本点聚为一类。然后使用类的中心点作为新的质心点，不停地迭代这个过程，直到质心不再变化为止。

5.1.2　电信套餐制定案例

下面是一份电信话单的统计数据，其以客户编号为分组，统计了每个用户一个月内的工作日上班电话时长、工作日下班电话时长、周末电话时长、国际电话时长、总电话时长、平均每次通话时长这 6 个指标，如图 5-10 所示。

客户编号	工作日上班电话时长	工作日下班电话时长	周末电话时长	国际电话时长	总电话时长	平均每次通话时长
K100050	40.60845	18.82371	1.233764	4.473546	60.66592	1.290764
K100120	68.12304	33.88034	8.334201	13.42356	110.3376	1.071239
K100170	100.2	31.5	9	4.858905	140.7	1.675
K100390	55.8	18	19.2	5.621558	93	3.444444
K100450	58.63137	9.089143	11.30809	5.061164	79.0286	2.25796
K100600	46.68577	3.203925	22.19862	22.64788	72.08832	2.184494
K100610	35.7897	17.79259	1.227075	6.858488	54.80936	6.85117
......	......	......	......	......	......	......

图 5-10　电信话单统计数据

根据业务要求，现在要给这批用户制定话费套餐，需要把用户分为 3 组，分析每个分组中用户的特征，为制定套餐提供数据支持。

下面使用 K 均值聚类算法来解决这个问题。在 sklearn 模块中，使用 KMeans 函数进行 K 均值聚类建模。它的常用参数如图 5-11 所示。

sklearn.cluster.KMeans(n_clusters=8)	
参数	说明
n_clusters	分组个数，默认分为8组

图 5-11　KMeans 函数的常用参数

先把数据导入 data 变量中，代码如下所示：

代码输入

```
import pandas
data = pandas.read_csv(
    'D:\\PDMBook\\第 5 章 聚类\\5.1 KMeans\\电信话单.csv',
    encoding='utf8', engine='python'
)
```

然后观察特征之间的相关性，可通过散点矩阵图或者相关系数矩阵来观察。那么我们绘制散点矩阵图，代码如下所示：

代码输入

```
import matplotlib
import matplotlib.pyplot as plt
from pandas.plotting import scatter_matrix
#设置中文字体
```

```
font = matplotlib.font_manager.FontProperties(
    fname='D:\\PDMBook\\SourceHanSansCN-Light.otf',
    size=15
)

fColumns = [
    '工作日上班电话时长',
    '工作日下班电话时长',
    '周末电话时长', '国际电话时长',
    '总电话时长', '平均每次通话时长'
]

plt.figure()
#绘制散点矩阵图
axes = scatter_matrix(
    data[fColumns], diagonal='hist'
)

#设置坐标轴的字体，避免坐标轴出现中文乱码
for ax in axes.ravel():
    ax.set_xlabel(
        ax.get_xlabel(), fontproperties=font
    )
    ax.set_ylabel(
        ax.get_ylabel(), fontproperties=font
    )
```

执行代码，绘制的散点矩阵图如图 5-12 所示。

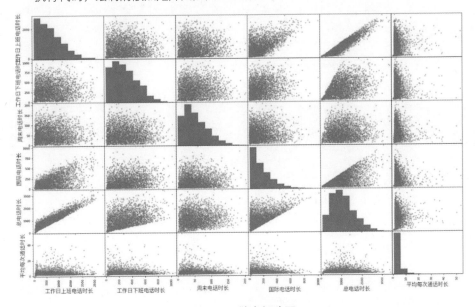

图 5-12　散点矩阵图

由散点矩阵图可以看到，在工作日上班电话时长和总电话时长相交的位置的散点图处，点的分布接近一条直线，因此它们的相关系数很高。下面可以通过相关系数矩阵确定它们之间具体的相关系数值，代码如下所示：

代码输入

```
#计算相关系数矩阵
dCorr = data[fColumns].corr()
```

执行代码，得到相关系数矩阵如图 5-13 所示。

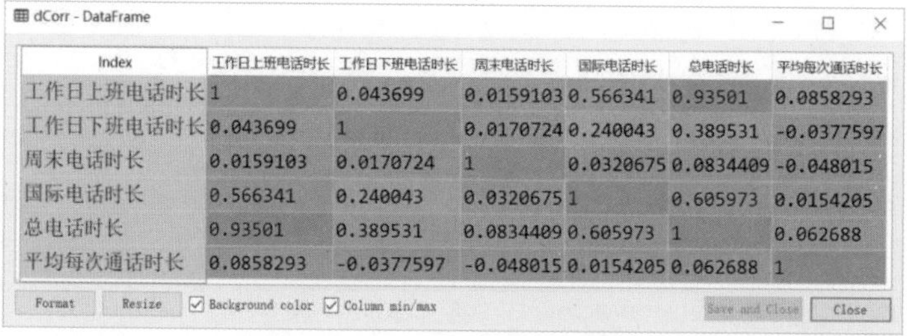

dCorr - DataFrame

Index	工作日上班电话时长	工作日下班电话时长	周末电话时长	国际电话时长	总电话时长	平均每次通话时长
工作日上班电话时长	1	0.043699	0.0159103	0.566341	0.93501	0.0858293
工作日下班电话时长	0.043699	1	0.0170724	0.240043	0.389531	-0.0377597
周末电话时长	0.0159103	0.0170724	1	0.0320675	0.0834409	-0.048015
国际电话时长	0.566341	0.240043	0.0320675	1	0.605973	0.0154205
总电话时长	0.93501	0.389531	0.0834409	0.605973	1	0.062688
平均每次通话时长	0.0858293	-0.0377597	-0.048015	0.0154205	0.062688	1

Format Resize Background color Column min/max Save and Close Close

图 5-13 相关系数矩阵

可以看到，工作日上班电话时长与总电话时长的相关系数达到了 0.935，是强正相关，因此这两个特征二选一即可。因为总电话时长是其他特征的求和，所以选择工作日上班电话时长即可。

然后，我们降维，把多维特征降为二维特征，而后再使用散点图来展示数据的分布情况，代码如下所示：

代码输入

```
fColumns = [
    '工作日上班电话时长', '工作日下班电话时长',
    '周末电话时长', '国际电话时长', '平均每次通话时长'
]

from sklearn.decomposition import PCA

pca_2 = PCA(n_components=2)
data_pca_2 = pandas.DataFrame(
    pca_2.fit_transform(data[fColumns])
)
plt.scatter(
    data_pca_2[0],
    data_pca_2[1]
)
```

执行代码，得到降维后的散点图，如图 5-14 所示。

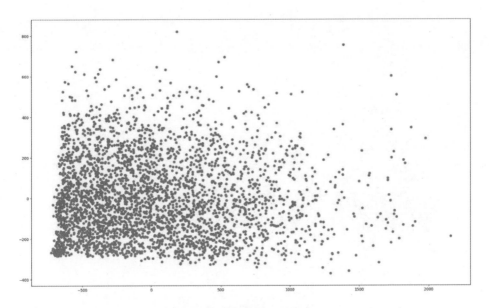

图 5-14　数据降维后的散点图

　　通过散点图可以看到,数据的分布没有特点,较均匀地分布在图形上,这时非常适合使用 K 均值聚类算法进行聚类。

　　根据常识,话费套餐一般会有 3 种类型,划分的类型过少,体现不出套餐的差异性,划分的类型过多,又容易造成选择困难。因此根据业务常识,把 K 均值聚类算法的类别个数设置为 3,代码如下所示:

代码输入

```
from sklearn.cluster import KMeans

kmModel = KMeans(n_clusters=3)
kmModel = kmModel.fit(data[fColumns])

pTarget = kmModel.predict(data[fColumns])

plt.figure()
plt.scatter(
    data_pca_2[0],
    data_pca_2[1],
    c=pTarget
)
```

　　执行代码,得到如图 5-15 所示的聚类效果图。在这个图形中,不同的分组使用不同的颜色表示。我们可以看到,总共有 3 种颜色,代表三个不同的分组。

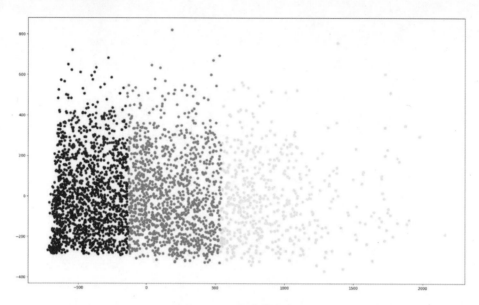

图 5-15　聚类效果图

通过聚类效果图我们可以发现，每个分组中的样本数较为接近，说明这是一个不错的聚类结果。如果聚类分组的样本数相差较大，则说明这种聚类的效果不好，需要通过修改类别个数进行调优。

最后，我们通过平行坐标图，来解读每个分组中样本的主要特征，代码如下所示：

代码输入

```
import seaborn as sns
from pandas.plotting import parallel_coordinates

fColumns = [
    '工作日上班电话时长', '工作日下班电话时长',
    '周末电话时长', '国际电话时长',
    '平均每次通话时长', '类型'
]

data['类型'] = pTarget

plt.figure()
ax = parallel_coordinates(
    data[fColumns], '类型',
    color=sns.color_palette(),
)
#设置坐标轴的字体，避免坐标轴出现中文乱码
ax.set_xticklabels(
```

```
    ax.get_xticklabels(), fontproperties=font
)
```

执行代码，得到如图 5-16 所示的平行坐标图。

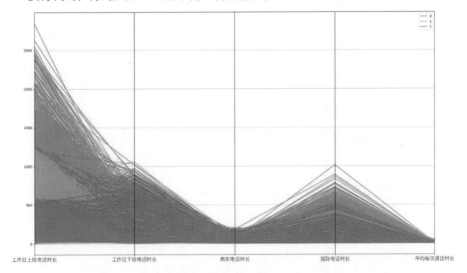

图 5-16 平行坐标图

在平行坐标图中，x 轴用于展示特征，可以看到，5 个特征按照顺序排放在 x 轴上。根据每个 x 轴上的特征，画一条垂直于 x 轴的直线，使得每个特征都有对应的 y 轴与其对应。然后在每个特征各自对应的 y 轴上，画上散点。每个分组使用不同的颜色表示，使用对应的分组的颜色用直线把每个样本连接起来，即可得到平行坐标图。

可以看到，在工作日上班电话时长这个特征上，很容易区分出每个分组。在(0, 600]区间内，样本都属于蓝色的分组；在(600, 1250]区间内，样本属于黄色的分组；在(1250, ∞)的区间内，样本属于绿色分组。

如果使用其他的特征解读聚类的结果，则区分出每个分组非常难。例如工作日下班电话时长这个特征，不同的区间对应着多个分类，因此，不能选择这种特征来解读聚类的结果。

5.2 DBSCAN 算法

DBSCAN（Density-Based Spatial Clustering of Applications with Noise）算法是一个比较有代表性的基于密度的聚类算法。与 K 均值聚类算法不同，它将簇定义为密度相连的点的最大集合，还能够把高密度的区域划分为簇，并可在噪声的空间数据库中发现任意形状的聚类。

5.2.1　DBSCAN 算法核心概念

在现实世界中，有各种不同分布的数据集。如图 5-17 左边的数据集所示，这是一个规则圆形形状的数据集。如图 5-17 中间的数据集所示，这是一个不规则形状的数据集。如图 5-17 右边的数据集所示，这是一个具有很多噪声点的数据集。

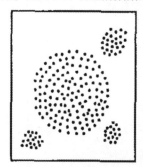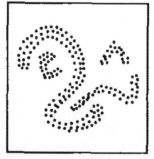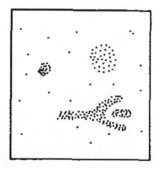

图 5-17　不同分布的数据集

对于规则形状的数据集，K 均值聚类算法的聚类效果非常好；但是对于不规则形状与具有噪声点的数据集，K 均值聚类算法就很难有很好的效果。这时，可以使用 DBSCAN 算法来进行聚类。

图 5-18 所示为 DBSCAN 算法概念示意图。

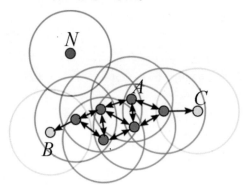

图 5-18　DBSCAN 算法概念示意图

密度

空间中任意一点的密度是以该点为圆心，以 eps 为半径的圆区域内包含的点数目。例如在图 5-18 中，eps 是图中的圆圈的半径，可以看到：

N 点的密度为 1，只包含了它自己。

A 点的密度为 4。

B 点和 C 点的密度为 2。

邻域

空间中任意一点的邻域是以该点为圆心，以 eps 为半径的圆区域内包含的点集合。

核心点

空间中某一点的密度如果大于等于某一给定阈值 min_samples，则称该点为核心点。例如在图 5-18 中，当 min_samples 为 3 时：

N 点的密度为 1，所以蓝色的点不是核心点。

A 点的密度为 4，红色点的密度都大于 3，所以红色的点都是核心点。

B 点和 C 点的密度为 2，所以黄色的点不是核心点。

边界点

空间中某一点的密度如果小于某一给定阈值 min_samples，则称该点为边界点，也就是密度大于 1 且小于等于 min_samples 的点。例如图 5-18 中，当 min_samples 为 3 时，B 点和 C 点就是边界点。

噪声点

数据集中既不属于核心点也不属于边界点的点，也就是密度值为 1 的点。例如图 5-18 中蓝色的点 N，它的密度值为 1，因此为噪声点。

DBSCAN 算法

使用 DBSCAN 算法进行聚类，不需要指定类别的个数，只需要设置好参数 eps 和 min_samples 即可，DBSCAN 算法会自动挖掘类别的个数。下面我们使用图 5-19 所示的数据，来演示使用 DBSCAN 算法聚类的方法。

首先，设置 eps 和 min_samples 的值，这里设置 min_samples=2，eps 的大小如图 5-20 所示。

图 5-19　DBSCAN 算法聚类过程演示数据

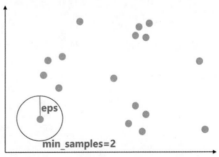
图 5-20　初始化 DBSCAN 模型参数

然后，计算每个点的密度，根据点的密度，判断该点是一个噪声点、边界点还是核心点，如图 5-21 所示。

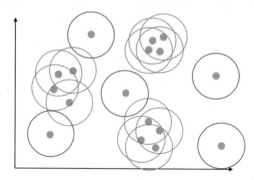

图 5-21 计算点的类型

经过计算我们知道，红色圆圈中的样本点的密度为 1，因此为噪声点，而蓝色圆圈内的点的密度大于等于 2，因此属于核心点。

DBSCAN 算法的核心是：**核心点具有合并相交邻域的能力。**因此，蓝色圆圈相交的部分可以合并在一起，形成一个更大的领域，如图 5-22 所示。

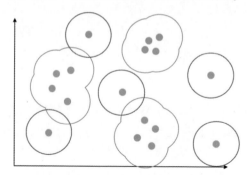

图 5-22 合并核心点的相交邻域

最后，DBSCAN 算法会把红色圆圈内的点都归为噪声点，用 -1 表示。这里一共有 3 个核心点邻域，因此有 3 组，分别使用 0、1、2 表示。

这就是 DBSCAN 算法的聚类过程。在 sklearn 模块中，使用 DBSCAN 函数进行 DBSCAN 聚类。它的常用参数如图 5-23 所示。

sklearn.cluster.DBSCAN(eps=0.5, min_samples=5)	
参数	说明
eps	两个样本间的最大距离，也是一个样本的最大邻域范围
min_samples	核心点邻域内最少的样本数，样本密度超过它的点称为核心点

图 5-23 DBSCAN 函数的常用参数

下面，我们使用一份真实的数据，来演示 DBSCAN 算法的应用场景。

5.2.2 用户常活动区域挖掘案例

图 5-24 中所示的数据是某用户某天每隔五分钟的定位数据。

时间	x	y
0:00	1.010065	1.015373
0:05	1.007142	1.005767
0:10	1.010765	1.005684
0:15	1.008393	1.008145
0:20	1.004085	1.015046
0:25	1.014228	1.010614
0:30	1.010741	1.009438
......	......	......

图 5-24 地理位置信息数据

下面我们使用这份地理位置信息数据，来归纳该用户经常活动的区域。

首先，将数据导入 data 变量中，然后使用散点图把数据展现出来，代码如下所示：

代码输入

```
import pandas
import matplotlib.pyplot as plt
from sklearn.cluster import DBSCAN

data = pandas.read_csv(
    'D:\\PDMBook\\第 5 章 聚类\\5.2 DBSCAN\\DBSCAN.csv',
    encoding='utf8', engine='python'
)

plt.figure()
#绘制散点图
plt.scatter(
    data['x'],
    data['y']
)
```

执行代码，得到如图 5-25 所示的散点图。

然后，设置 eps 与 min_samples。通过观察散点图，我们知道，用户经常活动的区域会有大量的点聚集，因此，可以将 min_samples 设置为 5，当然设置为 10 也未尝不可。根据这份数据显示的频率，每隔 5 分钟上报一次定位，那么如果设置为 10，则意味着在一个地方逗留超过 50 分钟其才算是一个经常活动区域。eps 则根据坐标轴上的点聚集的圆半径设置即可，可以看到，大概为 0.2 左右，当然，设置为 0.5 也未尝不可，要根据具体的业务来解读。

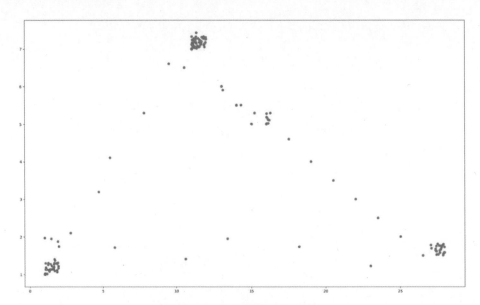

图 5-25　地理位置信息散点图

　　设置好 eps 与 min_samples 后，即可使用 sklearn 模块中的 DBSCAN 函数进行聚类了。聚类完成后，直接绘制聚类散点图，代码如下所示：

代码输入

```
from sklearn.cluster import DBSCAN

#设置 DBSCAN 聚类参数
eps = 0.5
min_samples = 5

model = DBSCAN(eps, min_samples)

data['type'] = model.fit_predict(
    data[['x', 'y']]
)

plt.figure()
#画出非噪声数据点，颜色由聚类分组决定
plt.scatter(
    data[data.type!=-1]['x'],
    data[data.type!=-1]['y'],
    c=data[data.type!=-1]['type']
)
```

```
#画出噪声数据点，用红色的 x 表示噪声点
plt.scatter(
    data[data.type==-1]['x'],
    data[data.type==-1]['y'],
    c='red', marker='x'
)
```

执行代码，聚类的结果如图 5-26 所示。可以看到，该用户经常活动的区域有 4 个。

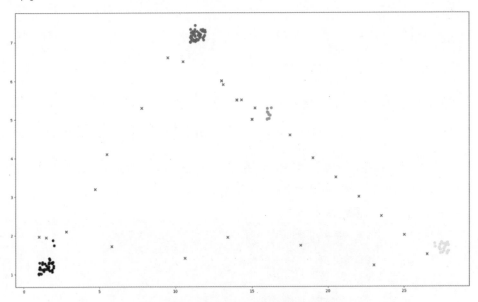

图 5-26　地理位置信息数据聚类效果

5.3　层次聚类算法

层次聚类算法又称为树聚类算法，它根据数据之间的距离，通过一种层次架构方式，反复将数据进行聚合，创建一个层次以分解给定的数据集。

5.3.1　演示：聚类层次的计算过程

下面我们通过将 1、3、5、6、9、10、13 进行层次聚类，来学习层次聚类的计算过程。

首先，计算每两个数据之间的距离，这里采用欧氏距离，如图 5-27 所示。

然后，从距离矩阵中，找出它们之间最近的距离（如图 5-28 所示）。可以看到，在红色的位置，5 和 6，9 和 10，它们之间的距离都是 1，是最短的距离，所以，首先合并它们。

	1	3	5	6	9	10	13
1	0	4	16	25	64	81	144
3	4	0	4	9	36	49	100
5	16	4	0	1	16	25	64
6	25	9	1	0	9	16	49
9	64	36	16	9	0	1	16
10	81	49	25	16	1	0	9
13	144	100	64	49	16	9	0

图 5-27　计算每个点之间的欧氏距离

	1	3	5	6	9	10	13
1	0	4	16	25	64	81	144
3	4	0	4	9	36	49	100
5	16	4	0	1	16	25	64
6	25	9	1	0	9	16	49
9	64	36	16	9	0	1	16
10	81	49	25	16	1	0	9
13	144	100	64	49	16	9	0

图 5-28　找出两个点之间的最短距离

合并两个点之后，新数据点的值为合并之前的点的均值，例如 5 和 6 合并之后，新值就是 5.5。同理，9 和 10 合并之后，新值就是 9.5。合并完最短距离的点后，再次计算每两个点之间的距离，如图 5-29 所示。

	1	3	5/6(5.5)	9/10(9.5)	13
1	0	4	20.25	72.25	144
3	4	0	6.25	42.25	100
5/6(5.5)	20.25	6.25	0	16	56.25
9/10(9.5)	72.25	42.25	16	0	12.25
13	144	100	56.25	12.25	0

图 5-29　合并最短距离的点后重新计算距离

继续从新的距离矩阵中，找出最近的距离，可以看到，1 和 3 之间的距离最短，为 4，如图 5-30 所示。

合并 1 和 3 这两个数据后，使用它们的均值 2 作为新的点，重新计算每两个点之间的欧氏距离，如图 5-31 所示。

继续从新的距离矩阵中，找出最近的距离，可以看到，这次是 2 和 5.5，9.5 和 13 之间的距离最短，为 12.25，如图 5-31 所示。

最后的距离矩阵只剩下两个点了，如图 5-32 所示，所以直接将它们合并。

	1	3	5/6(5.5)	9/10(9.5)	13
1	0	4	20.25	72.25	144
3	4	0	6.25	42.25	100
5/6(5.5)	20.25	6.25	0	16	56.25
9/10(9.5)	72.25	42.25	16	0	12.25
13	144	100	56.25	12.25	0

图 5-30　继续找出两个点之间的最短距离

	1/3(2)	5/6(5.5)	9/10(9.5)	13
1/3(2)	0	**12.25**	56.25	121
5/6(5.5)	**12.25**	0	16	56.25
9/10(9.5)	56.25	16	0	**12.25**
13	121	56.25	**12.25**	0

	1/3/5/6(7.5)	9/10/13(10.67)
1/3/5/6(3.75)	0	10.05
9/10/13(10.67)	10.05	0

图 5-31　合并距离最短的点后重新计算距离　　　　图 5-32　只剩下两个点的距离矩阵

　　根据前面的计算过程，首先是 5 和 6，9 和 10 组合，然后是 1 和 3 组合，依次类推，直到所有的数据都聚合成一个点，即可得到如图 5-33 所示的层次聚类图形。

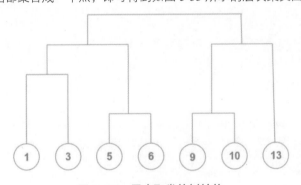

图 5-33　层次聚类的树结构

　　在 sklearn 模块中，使用 AgglomerativeClustering 函数进行层次聚类。它的常用参数如图 5-34 所示。

sklearn.cluster.AgglomerativeClustering(n_clusters=2)	
参数	说明
n_clusters	分组个数，默认分为两组

图 5-34　AgglomerativeClustering 函数的常用参数

5.3.2 基于运营商基站信息挖掘商圈案例

运营商基站可以收集到每个基站附近工作日上班时间人均停留时间、凌晨人均停留时间、周末人均停留时间、日均人流量这 4 个指标信息，如图 5-35 所示。

基站编号	工作日上班时间人均停留时间	凌晨人均停留时间	周末人均停留时间	日均人流量
36902	78	521	602	2863
36903	144	600	521	2245
36904	95	457	468	1283
36905	69	596	695	1054
36906	190	527	691	2051
36907	101	403	470	2487
36908	146	413	435	2571
......	......	......	......	......

图 5-35　基站收集的数据

现在需要对这份数据进行聚类，将这些基站划分为不同的商圈。

首先，我们将数据导入 data 变量中，再使用散点图把数据展示出来，代码如下所示：

代码输入

```python
import pandas

data = pandas.read_csv(
    'D:\\PDMBook\\第 5 章 聚类\\5.3 层次聚类\\层次聚类.csv',
    encoding='utf8', engine='python'
)

import matplotlib
import matplotlib.pyplot as plt
from pandas.plotting import scatter_matrix
#设置中文字体
font = matplotlib.font_manager.FontProperties(
    fname='D:\\PDMBook\\SourceHanSansCN-Light.otf',
    size=15
)

fColumns = [
    '工作日上班时间人均停留时间',
    '凌晨人均停留时间',
    '周末人均停留时间',
    '日均人流量'
]
```

```
from sklearn.preprocessing import scale
#由于人流量和时间属于不同的计量单位，
#因此需要对这份数据进行标准化
scaleData = pandas.DataFrame(
    scale(data[fColumns]), columns=fColumns
)

#绘制散点矩阵图
axes = scatter_matrix(
    scaleData, diagonal='hist'
)

#设置坐标轴的字体，避免坐标轴上出现中文乱码
for ax in axes.ravel():
    ax.set_xlabel(
        ax.get_xlabel(), fontproperties=font
    )
    ax.set_ylabel(
        ax.get_ylabel(), fontproperties=font
    )
```

执行代码，即可得到如图 5-36 所示的散点矩阵图。

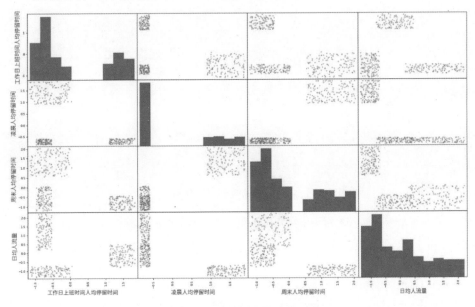

图 5-36　基站数据散点矩阵图

从散点矩阵图可以看到，4 个特征之间基本上不存在线性关系，因此不用去掉共线

性特征。

然后，使用降维技巧，把 4 个特征压缩为 2 个特征，并使用散点图把数据展现出来，代码如下所示：

代码输入

```
from sklearn.decomposition import PCA

pca_2 = PCA(n_components=2)
data_pca_2 = pandas.DataFrame(
    pca_2.fit_transform(scaleData)
)
plt.scatter(
    data_pca_2[0],
    data_pca_2[1]
)
```

执行代码，即可得到如图 5-37 所示的散点图。

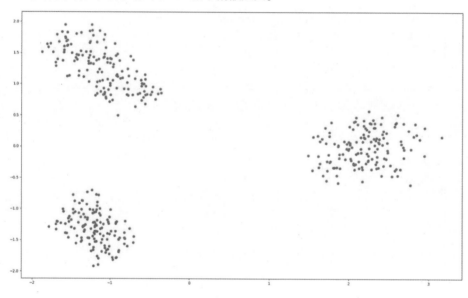

图 5-37   基站数据二维散点图

从数据的二维散点图可以很明显地看出，数据应该聚为 3 类，因此 Agglomerative-Clustering 函数的 n_clusters 参数应该设置为 3。下面进行聚类，代码如下所示：

代码输入

```
from sklearn.cluster import AgglomerativeClustering
#进行层次聚类，并预测样本的分组
agglomerativeClustering = AgglomerativeClustering(n_clusters=3)
pTarget = agglomerativeClustering.fit_predict(scaleData)
```

```
plt.figure()
plt.scatter(
    data_pca_2[0],
    data_pca_2[1],
    c=pTarget
)
```

执行代码，聚类的效果如图 5-38 所示。

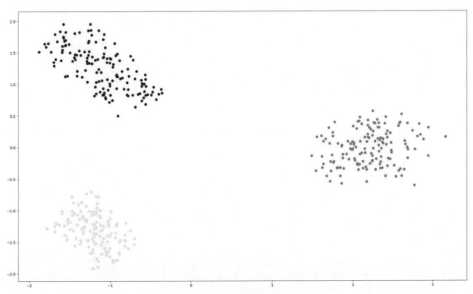

图 5-38　基站数据聚类效果

可以看到，这个层次聚类的效果非常不错。

如果我们需要画出层次聚类的树结构图形，则可以使用 scipy 模块的 dendrogram 函数绘图，代码如下所示：

代码输入

```
import scipy.cluster.hierarchy as hcluster
#构建层次聚类树
linkage = hcluster.linkage(
    scaleData,
    method='centroid'
)
#绘制层次聚类图形
plt.figure()
hcluster.dendrogram(
    linkage,
    leaf_font_size=10.
)
```

```
#计算层次聚类结果
_pTarget = hcluster.fcluster(
    linkage, 3,
    criterion='maxclust'
)
```

执行代码，得到如图 5-39 所示的聚类树图形。

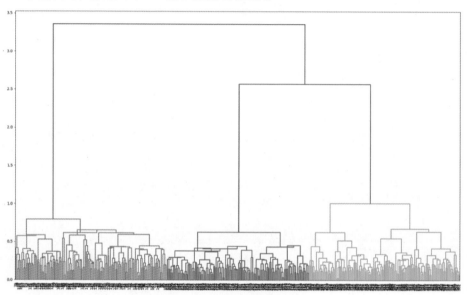

图 5-39　聚类树图形

最后，我们使用平行坐标图来解读聚类后每个分组的主要特征，代码如下所示：

代码输入

```
import seaborn as sns
from pandas.plotting import parallel_coordinates

fColumns = [
    '工作日上班时间人均停留时间',
    '凌晨人均停留时间',
    '周末人均停留时间',
    '日均人流量',
    '类型'
]

data['类型'] = pTarget

plt.figure()
```

```
ax = parallel_coordinates(
    data[fColumns], '类型',
    color=sns.color_palette(),
)
#设置坐标轴的字体，避免坐标轴上出现中文乱码
ax.set_xticklabels(
    ax.get_xticklabels(), fontproperties=font
)
ax.set_yticklabels(
    ax.get_yticklabels()
)
```

执行代码，得到如图 5-40 所示的平行坐标图。

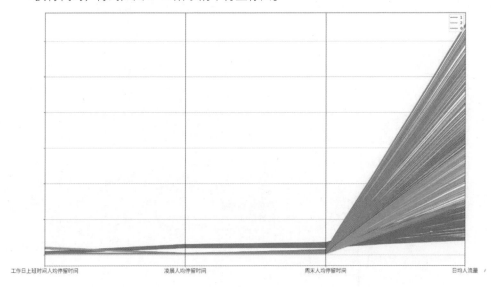

图 5-40 基站特征与分组的平行坐标图

从平行坐标图可以看出，在每个特征上，聚类的分组都有很明确的界限，我们可以很容易识别出不同的分组，因此，每个特征都可以用来解读聚类结果。

第 **6** 章
关联算法

所谓关联（Association），是指把两个或两个以上在意义上有密切联系的项组合在一起，关联算法经常在购物篮分析中使用，如图 6-1 所示。

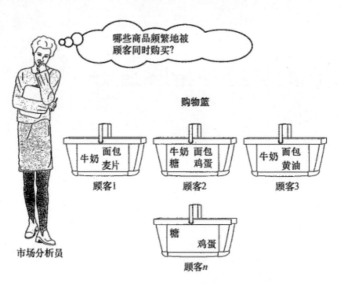

图 6-1　购物篮分析

利用热销商品，推广与之相关的另外一件商品的销售技巧，称为交叉销售。为什么要重视交叉销售？

第一、获取新用户的成本越来越高，菲利普·科特勒在《营销管理》里提到"获取一个新用户的成本是维系现有用户成本的 5 倍"。

第二、Forrester 研究公司的研究成果表明，在电商行业，向用户推荐产品能够给电商网站带来 10%～30%的收益。亚马逊在 2006 年曾宣称，它们 35%的收益是通过向上销售和交叉销售实现的。因为推销给老用户可以降低边际销售成本，提高利润率。

第三、交叉销售可以增加用户的转移成本，从而增强用户忠诚度。用户购买本公司的产品和服务越多，用户流失的可能性就越小。来自银行的数据显示，购买两种产品的用户的流失率是 55%，而购买 4 种或更多产品或服务的用户的流失率几乎是 0。

综上所述，我们需要尽可能地提高用户的终生价值（LTV，Life-Time Value），通俗地讲就是尽可能地让用户多购买。而交叉销售则是实现这一目标的有效途径，所以各大厂商非常重视交叉销售。

在数据挖掘中，关联挖掘算法分为三大类。

第一类是关联规则算法，用于从大量数据中挖掘出有价值的数据项之间的相关关系。它的一个重要应用就是购物篮分析，超市使用它来发现用户的购买习惯，例如，购买尿布的人也同时购买啤酒，因此，可以通过调整货架的布局，将尿布和啤酒放在一起，增加销量。

第二类是协同过滤（Collaborative Filtering）算法，协同过滤常常被用来分析某位特定用户可能感兴趣的东西，这些结论来自于对其他相似用户感兴趣产品的分析。协同过滤算法在各大电商网站都有应用，我们经常会在电商网站的页面中看到"猜你喜欢"之类的栏目，这些就是根据协同过滤算法得到的结果。

第三类是奇异值分解（SVD，Singular Value Decomposition）算法，该算法通过把用户对商品的评分矩阵近似分解为用户的隐含特征矩阵与商品的隐含特征矩阵，再将分解得到的两个矩阵相乘，得到新的评分矩阵，该矩阵可作为用户对缺失商品的评分，使用这个评分即可对目标用户进行推荐。SVD 也可用于聚类，在聚类的场景下 SVD 称为主题模型。

6.1　关联规则

超市经理的职责之一是确保高的销售额，就是销售更多的商品，而理解用户的购物模式是达到该目标的第一步。

使用关联规则算法，对用户的购物篮进行分析，可以了解哪些商品比较热销，以及一个商品与另一个商品一起被购买的可能性有多大，例如便利店 5%的用户同时购买了热狗，购买热狗的用户有 75% 的用户也购买了番茄酱。有了该信息，就可以改变商品的布局，在热狗的旁边摆放番茄酱以增加销售。

6.1.1 关联规则的核心概念

项集

项集是一组项，每个项都是一个属性值。在购物篮分析中，项集类似购物篮中的商品，例如，{面包、牛奶、热狗、番茄酱}，{尿布、啤酒}，{沙拉、青菜、黄瓜}等。项集有大小，该大小表示项集中包含的项的数目，{面包、牛奶、热狗}的大小是 3。

数据集中出现频率高的项集称为频繁项集，项集的出现频率使用支持度来定义。

支持度

支持度用于度量一个项集的出现频率。

$$Support(A, B) = A 与 B 在一条记录中同时出现的次数$$

在不同的业务中，因为订单总数不同，所以无法直接使用次数这个指标进行对比。因此，支持度还经常被表述为百分比的形式。

$$Support(A, B) = A 与 B 在一条记录中同时出现的次数/记录总数$$

在购物篮分析中，Supper（A, B）代表了同时购买 A 商品和 B 商品的次数或概率。支持度越高，代表购物篮中商品的销量越高。

置信度

置信度是一个条件概率，Confidence（A => B）代表了在已知 A 发生的前提下，B 发生的概率，在概率统计中写作 P（B|A）。

$$Confidence(A => B) = Probability(B|A) = Support(A, B)/Support(A)$$

在购物篮分析中，Confidence(A => B)代表了购买了 A 商品的用户，还购买商品 B 的概率。如果置信度高，就应该在商品 A 旁边摆放商品 B，从而提高商品 B 的销量。

注意点：

1. Confidence(A => B)!=Confidence(B => A)

2. 当商品 B 是一款热销商品（基本上每个用户都已经购买，例如大促销打折的商品），而商品 A 是一款冷门商品时，Confidence(A => B)的值会很大。但是从现实的场景中去理解，无论商品 B 摆放在哪里，销量都会很高，因此这个规则的效用性不强。

度量规则效用性的大小，用提升度来表示。

提升度

提升度也称为增益值，它的计算公式如下所示：

$$Lift(A => B) = Support(A, B)/Support(A)*Support(B)$$

在购物篮分析中：

如果 Lift(A => B) = 1，则 A 和 B 是独立的项，表示对商品 A 的购买和对商品 B 的购买是两个独立事件，不会产生影响。

如果 Lift(A => B) < 1，则表示如果一个用户购买商品 A，则其不太可能同时购买商品 B，也就是购买商品 A 和商品 B 是负相关的。

如果 Lift(A => B) > 1，则表示如果一个用户购买商品 A，则其也可能同时购买商品 B，也就是购买商品 A 和商品 B 是正相关的。

关联规则

关联规则是指两个不相交的非空集合 X、Y，如果有 $X => Y$，就说 $X -> Y$ 是一条关联规则。如图 6-2 所示是一份超市的购物篮数据，我们使用这份数据，来计算（啤酒=>尿布）这个规则的支持度、置信度和提升度。

交易ID	购买商品
T1	{牛奶,面包}
T2	{面包,尿布,啤酒,鸡蛋}
T3	{牛奶,尿布,啤酒,可乐}
T4	{面包,牛奶,尿布,啤酒}
T5	{面包,牛奶,尿布,可乐}

图 6-2 购物篮数据

因为啤酒和尿布同时出现的次数为 3，总的记录数是 5，所以：

Support(啤酒 => 尿布)=啤酒和尿布同时出现的次数/记录数=60%

因为，啤酒和尿布同时出现的次数为 3，而啤酒出现的次数也为 3，所以：

Confidence(啤酒 => 尿布)=啤酒和尿布同时出现的次数/啤酒出现的次数=100%

注意： 购买了啤酒的人，同时购买尿布的置信度，并不等于购买了尿布的人同时购买啤酒的置信度。因为，尿布出现的次数为 4，所以：

Confidence(尿布 => 啤酒)=啤酒和尿布同时出现的次数/尿布出现的次数=75%

因为 Support(尿布)=0.8，Support(啤酒)=0.6，根据提升度的公式，所以有：

Lift(尿布 => 啤酒)=Support(尿布 => 啤酒)/Support(尿布)Support(啤酒)=1.25

Lift(啤酒 => 尿布)=Support(啤酒 => 尿布)/Support(啤酒)Support(尿布)=1.25

关联规则目标

在购物篮分析中，假设有 3 种商品{尿布、啤酒、奶粉}，那么关联规则有：

(尿布 => 啤酒)、(尿布 => 奶粉)、(啤酒 => 奶粉)、(啤酒 => 尿布)、(奶粉 => 尿布)、(奶粉 => 啤酒)、(尿布、啤酒 => 奶粉)、(尿布、奶粉 => 啤酒)、(奶粉、啤酒 =>尿布)、(奶粉 => 尿布、啤酒)、(啤酒 => 尿布、奶粉)、(尿布 => 奶粉、啤酒)

可以看到，就算仅有 3 种商品，得到的关联规则就有 12 种，如果有 *n* 种商品的话，关联规则会有2*n*!种。关联规则的强度用支持度和置信度来描述。关联规则可使用提升度来描述，因此在 *n* 项集中，需要计算2n!次支持度、置信度和提升度。所以在真实的工作中，我们不会计算每一个关联规则，只需要保留指定条件下的目标关联规则。

关联规则的挖掘目标是，给定一个数据集，找出其中所有 Support>= min_support、Confidence>=min_confidence 及 Lift>1 的关联规则。

6.1.2 超市关联规则挖掘案例

某超市记录了每个用户的消费记录，如图 6-3 所示。

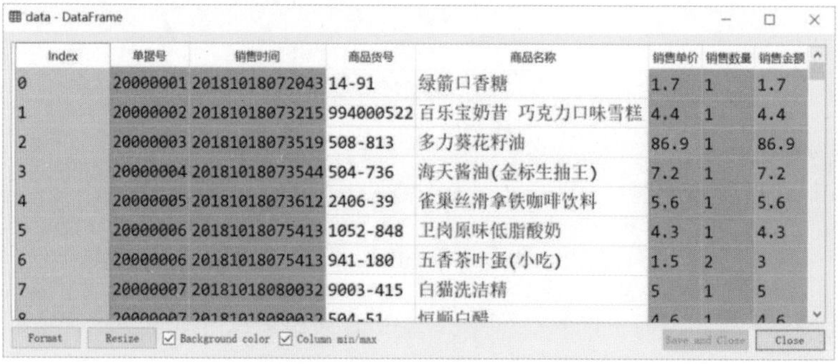

Index	单据号	销售时间	商品货号	商品名称	销售单价	销售数量	销售金额
0	20000001	20181018072043	14-91	绿箭口香糖	1.7	1	1.7
1	20000002	20181018073215	994000522	百乐宝奶昔 巧克力口味雪糕	4.4	1	4.4
2	20000003	20181018073519	508-813	多力葵花籽油	86.9	1	86.9
3	20000004	20181018073544	504-736	海天酱油(金标生抽王)	7.2	1	7.2
4	20000005	20181018073612	2406-39	雀巢丝滑拿铁咖啡饮料	5.6	1	5.6
5	20000006	20181018075413	1052-848	卫岗原味低脂酸奶	4.3	1	4.3
6	20000006	20181018075413	941-180	五香茶叶蛋(小吃)	1.5	2	3
7	20000007	20181018080032	9003-415	白猫洗洁精	5	1	5
8	20000007	20181018080032	504-51	恒顺白醋	4.6	1	4.6

图 6-3 超市用户端消费记录数据

这份数据总共有 62749 行，同一个购物篮的商品使用相同的单据号进行标记，不同的购物篮中有不同类型、不同数量的商品。有些购物篮中只有一个商品，只有一个商品的购物篮不能构成关联规则，因此我们先把它过滤掉，代码如下所示：

代码输入

```
import pandas

data = pandas.read_csv(
    "D:\\PDMBook\\第 6 章 关联\\超市销售数据.csv",
```

```
    encoding='utf8', engine='python'
)
#根据单据号，
#分组统计每个购物篮中的商品列表
itemSetList = data.groupby(
    by='单据号'
).apply(
    lambda x: list(x.商品名称)
)
#根据单据号，
#分组统计每个购物篮中的商品数量
itemSetCount = itemSet = data.groupby(
    by='单据号'
).apply(
    lambda x: len(x.商品名称)
)
#将统计数据汇总为一个数据框
itemSet = pandas.DataFrame({
    '商品列表': itemSetList,
    '商品数量': itemSetCount
})
#过滤出商品数量大于 1 的购物篮
itemSet = itemSet[itemSet.商品数量>1]
```

执行代码，得到商品数大于 1 的购物篮数据，如图 6-4 所示。

图 6-4   商品数大于 1 的购物篮数据

最常用的关联规则挖掘算法是 Apriori 算法，该算法由 RakeshAgrawal 和 Ramakrishnan Srikant 两位博士在 1994 年提出。Apriori 算法广泛应用于各种领域，该算法可对数据的关联性进行分析和挖掘，挖掘出的信息对决策制定具有重要的参考价值。

在 Python 中，可以使用 apyori 模块的 apriori 函数进行关联规则挖掘。apriori 函数的常用参数如图 6-5 所示。

apyori.apriori(transactions, min_support=0.1, min_confidence=0.0, min_lift=0.0, max_length=None)	
参数	说明
transactions	项集
min_support	最小支持度，默认为0.1，一般需要设置为更小的数值
min_confidence	最小置信度，默认为0.0，一般需要设置为更大的数值
min_lift	最小提升度，默认为0.0，一般需要设置为大于1的值
max_length	最大项集，默认为无限制，一般采用默认值即可

图 6-5　apriori 函数的常用参数

Anaconda 中并没有默认安装 apyori 模块，在使用之前，需要安装。可以使用 pip 命令安装，如图 6-6 所示。

```
命令提示符
C:\Users\fangx>pip install apyori
Collecting apyori
Installing collected packages: apyori
Successfully installed apyori-1.1.1

C:\Users\fangx>
```

图 6-6　安装 apyori 模块

需要为 apriori 函数的第一个参数 transactions 提供购物篮数据的二维数组，直接使用序列的 values 函数即可得到该数组，代码如下所示：

代码输入

```
#获取购物篮中的商品列表，作为 apriori 函数的输入
transactions = itemSet['商品列表'].values

from apyori import apriori
#调用 apriori 算法进行计算，
#得到关联规则和与之对应的统计指标
results = list(
    apriori(
        transactions,
        min_support=0.001,
        min_confidence=0.001,
        min_lift=1.001
    )
)

#支持度（support）
supports = []
#置信度（confidence）
confidences = []
```

```
#提升度(lift)
lifts = []
#基本项 items_base
bases = []
#推导项 items_add
adds = []

#把 apriori 函数计算的结果，
#保存为一个数据框，方便数据分析
for r in results:
    size = len(r.ordered_statistics)
    for j in range(size):
        supports.append(r.support)
        confidences.append(
            r.ordered_statistics[j].confidence
        )
        lifts.append(r.ordered_statistics[j].lift)
        bases.append(
            list(r.ordered_statistics[j].items_base)
        )
        adds.append(
            list(r.ordered_statistics[j].items_add)
        )
#保存为一个数据框
result = pandas.DataFrame({
    '基于': bases,
    '推荐': adds,
    '支持度': supports,
    '自信度': confidences,
    '提升度': lifts
})
```

执行代码，即可得到符合条件的关联规则，如图 6-7 所示。

图 6-7　得到的关联规则

6.1.3 超市关联规则解读

1. 解读支持度

符合最小支持度、置信度、提升度的关联规则有很多,一般先根据支持度进行选择。为什么呢?因为支持度等于规则中的商品同时出现的次数/总订单数,总订单数已经固定,所以支持度越大,符合规则的商品同时出现得越多,也就是它们的销量越大,从销量大的商品中挖掘的关联规则,交叉销售量从而就更大。

从图 6-7 可以看到,{烤肠, 甜不辣}这个项集,在所有的销售商品中,销量是最高的,支持度达到了 0.01,也就是每 100 个用户就会有 1 个用户购买了烤肠和甜不辣,如图 6-8 所示。

图 6-8　烤肠和甜不辣

2. 解读置信度

从图 6-7 可以看到,{甜不辣 => 烤肠}的置信度为 0.41,也就是购买了甜不辣的人中,有 41%的人也购买了烤肠。反过来,{烤肠 => 甜不辣}这个规则的置信度只有 11%,说明购买烤肠的人中,只有 11%的人购买了甜不辣,原因是烤肠的销量比甜不辣更大。

3. 解读提升度

从图 6-7 可以看到,{甜不辣, 烤肠}这个项集的提升度为 4.27,也就是说,两者一起进行交叉销售,会有正向的提升。

关联规则挖掘算法不仅应用于购物篮分析,还广泛地应用于网页浏览偏好挖掘、入侵检测、连续生产和生物信息学领域。

6.2 协同过滤

协同过滤算法通过对用户历史行为数据的挖掘,发现用户的偏好,并基于不同的偏好对用户进行群组划分从而推荐品味相似的商品。它常常被用于分析某位特定用户可能感兴趣的东西,其结论来自于对其他相似用户感兴趣产品的分析,各大电商网站的"猜你喜欢"栏目就是该算法的一个应用。

协同过滤算法很简单，它的核心思想就是算出哪些用户与目标用户最相似。然后，把最相似用户喜欢的商品按照喜爱的程度罗列出来，再排除掉目标用户已经购买的，进行推荐，如图 6-9 所示。由于协同推荐是根据具体的目标用户来推荐的，因此协同推荐的命中率很高，可以极大地提高销售量。

图 6-9　协同推荐图示

6.2.1　协同过滤算法的实现

以上我们学习了协同过滤算法的基本原理，下面我们来看看协同过滤算法是如何实现的。

用户评分向量的生成

评分向量是协同过滤算法要使用的数据结构，包括用户 ID、商品 ID 以及该用户对该商品的评分。这个评分，我们可以理解为经常在电商的网站上出现的星级评分。一般来说，评分越高，用户对商品的喜爱程度就越高，如图 6-10 所示。

关联规则算法只需要找出购物篮中一同购买的商品，因此它收集的数据是每个订单中出现的商品列表。而协同过滤算法不同，该算法还考虑了用户对商品的态度，也就是说，虽然用户买了这个商品，但是不一定喜欢它，每个用户都对自己使用过的物品有一定的评分。

列名	备注
UserID	用户ID
ItemID	商品ID
Rating	评分

图 6-10　协同过滤算法使用的数据结构

协同过滤算法不仅需要收集用户对商品的评分，还需要对评分进行标准化。这是因为，不同的用户对商品的评分标准是不一样的。有些用户要求高，不会轻易地打出满分的分数，对他来说，4 分已经是最高分了。而有些人要求不那么高，只要是符合他需求的商品，他都直接给五分，否则就是 1 分。这就导致了虽然分数一样，但是背后的评价可能不一样。对于这种情况，需要对用户的评分进行标准化，只要某个用户给出他的最高分，不管是 4 分还是 5 分，只要是他的最高分，那么标准分就是 1，否则就是介于[0, 1)的值。通过标准化，可以解决评分不一定代表评价的问题。

收集了用户的评分后，就可以列出如图 6-11 所示的数据。因为界面有限，这里只列举了 ID 为 001 的用户数据。

UserID	ItemID	Rating
001	1	5
001	3	3
001	5	1

图 6-11　用户 001 的评分数据

假设总共有 5 种商品，商品 ID 分别为 1、2、3、4 和 5，从图 6-11 可以知道，ID 为 001 的用户，它的用户评分向量为(5, 0, 3, 0, 1)。

用户评分向量的生成如下所示：

1. 用户评分向量的长度由商品的个数决定，这里有 5 个商品，所以向量长度为 5。

2. 用户评分向量的值，是用户对该位置的商品评分。例如 ID 为 1 的商品，用户给它 5 分，于是，第一位就是 5，同理，ID 为 3 的商品，用户给 3 分，那么第三位就是 3，以此类推。

3. 用户没有购买过的商品，对应的评分向量矩阵位置的值为 0。

商品评分向量的生成

商品评分向量和用户评分向量类似。假设总共有 10 个用户，这些用户对商品 3 给出如图 6-12 所示的评分，那么，商品 3 的评分向量为(5, 3, 0, 0, 1, 0, 0, 0, 0, 0)。

UserID	ItemID	Rating
001	3	5
002	3	3
005	3	1

图 6-12　商品 3 的评分数据

和用户评分向量类似，用户的个数限定了商品评分向量的长度，用户对商品的评分确定了向量的列值，如果用户没有购买商品，那么评分为 0。

例如，ID 为 001 的用户，对 ID 为 3 的商品评分为 5，所以第一位是 5。同理，ID

为 005 的用户的评分为 1，所以第五位的数值为 1。除了 001、002、005 以外的用户都没有使用过 ID 为 3 的商品，因此，其他的位置都为 0。

计算用户/商品间的相似性

得到用户/商品的评分向量后，就可以计算用户/商品之间的相似性了。我们使用向量的距离来量化用户/商品之间的相似性。向量距离的计算公式有很多，最常用的是欧氏距离，它的计算公式如下所示：

$$d(x, y) = \sqrt{\sum_{i=1}^{n} (x_i - y_i)^2}$$

假设，用户的评分数据如图 6-13 所示。

那么，001 的评分向量为 $(5, 0, 3, 0, 1)$，002 的评分向量为 $(0, 6, 0, 4, 2)$，003 的评分向量为 $(5, 0, 3, 0, 1)$。

001 和 002 之间的欧氏距离为：

$$d(001, 002) = \sqrt{25 + 36 + 9 + 16 + 1} \approx 9.3$$

因为 001 和 003 完全一样，所以它们的距离为：

$$d(001, 003) = \sqrt{0 + 0 + 0 + 0 + 0} = 0$$

UserID	ItemID	Rating
001	1	5
001	3	3
001	5	1
002	2	6
002	4	4
002	5	2
003	1	5
003	3	3
003	5	1

图 6-13　用户对商品的评分数据

可以看到，两个向量越相似，它们之间的欧氏距离越小，两个向量越不相似，它们之间的欧氏距离越大。一般我们不直接使用欧氏距离，而是使用相似度来度量两个向量之间的相似性，两个向量之间的相似度计算公式如下所示：

$$\text{sim}(x, y) = \frac{1}{1 + d(x, y)}$$

根据相似度的计算公式，可以知道，001 和 002 这两个用户之间的相似性为：

$$sim(001, 002) = \frac{1}{1 + 9.3} \approx 0.10$$

同理，001 和 003 这两个用户之间的相似性为：

$$sim(001, 003) = \frac{1}{1 + 0} = 1$$

根据两个向量之间相似度的计算公式，我们可以知道，相似度的范围在[0, 1]之间。如果两个向量完全一样，则欧氏距离为 0，相似度为 1；如果两个向量的欧氏距离很远，远到无穷大，那么相似度为 0。也就是说，相似度越接近于 1，两个向量越相似，相似度越接近于 0，两个向量越不相似。

相似用户/商品的计算

量化了用户/商品之间的相似性后，我们就可以一一计算每个用户/商品之间的相似度了，从而建立用户/商品的相似度矩阵。

由如图 6-13 中所示的评分数据，可以计算得到用户之间的相似度矩阵如图 6-14 所示。

	001	002	003
001	1.00	0.10	1.00
002	0.10	1.00	0.10
003	1.00	0.10	1.00

图 6-14   用户相似度矩阵

同理，可以计算得到商品之间的相似度矩阵如图 6-15 所示。

	1	2	3	4	5
1	1.00	0.10	0.26	0.11	0.14
2	0.10	1.00	0.12	0.33	0.19
3	0.26	0.12	1.00	0.15	0.22
4	0.11	0.33	0.15	1.00	0.29
5	0.14	0.19	0.22	0.29	1.00

图 6-15   商品相似度矩阵

6.2.2　安装 scikit-surprise 模块

使用 scikit-surprise 模块，可以快速地构建一个协同过滤推荐系统。surprise 是单词 Simple Python RecommendatIon System Engine 的缩写，意思是基于 Python 的简易推荐系统。它与 scikit-learn 都是来自于 scikit 系列的模块，它们都有简单易用、功能丰富且高效的特点。

Anaconda 也没有集成 scikit-surprise 模块，我们可以使用 pip 命令安装它，安装命令如图 6-16 所示。

```
命令提示符
C:\Users\fangx>pip install scikit-surprise
Collecting scikit-surprise
  Downloading https://files.pythonhosted.org/packages/f5/da/b5700d96495fb4f092be497f02492
768a3d96a3f4fa2ae7dea46d4081cfa/scikit-surprise-1.1.0.tar.gz (6.4MB)
    100% |████████████████████████████████| 6.5MB 711kB/s
Requirement already satisfied: joblib>=0.11 in c:\programdata\anaconda3\lib\site-packages
 (from scikit-surprise) (0.13.2)
Requirement already satisfied: numpy>=1.11.2 in c:\programdata\anaconda3\lib\site-package
s (from scikit-surprise) (1.17.2)
Requirement already satisfied: scipy>=1.0.0 in c:\programdata\anaconda3\lib\site-packages
 (from scikit-surprise) (1.3.1)
Requirement already satisfied: six>=1.10.0 in c:\programdata\anaconda3\lib\site-packages
(from scikit-surprise) (1.12.0)
Building wheels for collected packages: scikit-surprise
  Running setup.py bdist_wheel for scikit-surprise ... done
  Stored in directory: C:\Users\fangx\AppData\Local\pip\Cache\wheels\cc\fa\8c\16c93fccce6
88ae1bde7d979ff102f7bee980d9cfeb8641bcf
Successfully built scikit-surprise
Installing collected packages: scikit-surprise
Successfully installed scikit-surprise-1.1.0
```

图 6-16　安装 scikit-surprise 模块

6.2.3　基于电影数据的协同过滤案例

GroupLens 是隶属于明尼苏达大学双城分校计算机系的一个实验室。GroupLens 实验室创建了第一个自动化推荐系统，于 1997 年创建了 MovieLens 推荐网站，并发布了 MovieLens 数据集。MovieLens 数据集已经成为推荐系统学习的标准数据集，该数据集的数据结构如图 6-17 所示。

ratings - DataFrame

Index	UserID	ItemID	rating	timestamp
0	196	242	3	881250949
1	186	302	3	891717742
2	22	377	1	878887116
3	244	51	2	880606923
4	166	346	1	886397596
5	298	474	4	884182806
6	115	265	2	881171488
7	253	465	5	891628467
8	305	451	3	886324817

Format　Resize　Background c　Column min/m　Save and Close　Close

图 6-17　MovieLens 数据集

本案例使用的是 10 万行样本的 MovieLens 数据集。第一列是用户 ID，从 1 ~ 943；第二列是电影 ID，从 1 ~ 1682；第三列是用户对电影的评分，从 1 分 ~ 5 分；第四列是该记录产生的时间戳，在本案例中用不上时间戳这一列的数据。数据的读取代码如下所示：

代码输入

```python
import pandas

ratings = pandas.read_csv(
    "D:\\PDMBook\\第6章 关联\\6.2 协同过滤\\u.data",
    sep='\t', names=["UserID", "ItemID", "rating", "timestamp"]
)
```

要使用 surprise 模块中实现的协同过滤算法，需要把 pandas 模块中的 DataFrame 数据结构转为 surprise 模块中的 DataSet 数据结构，转换代码如下所示：

代码输入

```python
from surprise import Reader
from surprise import Dataset

reader = Reader(
    rating_scale=(1, 5)
)

ratingDataSet = Dataset.load_from_df(
    ratings[['UserID', 'ItemID', 'rating']],
    reader
)
```

执行代码，即可得到 DataSet 数据结构，如图 6-18 所示。

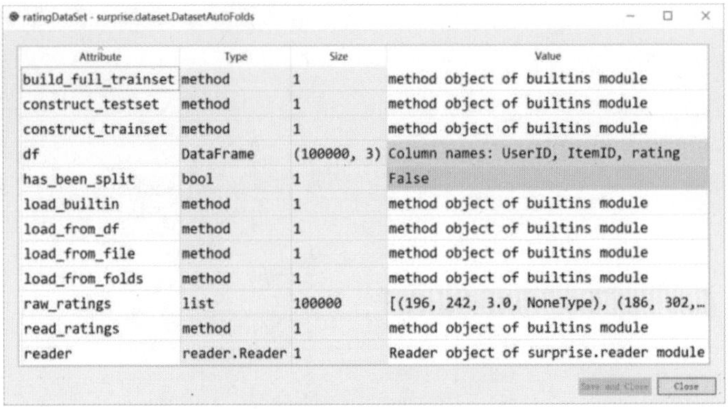

Attribute	Type	Size	Value
build_full_trainset	method	1	method object of builtins module
construct_testset	method	1	method object of builtins module
construct_trainset	method	1	method object of builtins module
df	DataFrame	(100000, 3)	Column names: UserID, ItemID, rating
has_been_split	bool	1	False
load_builtin	method	1	method object of builtins module
load_from_df	method	1	method object of builtins module
load_from_file	method	1	method object of builtins module
load_from_folds	method	1	method object of builtins module
raw_ratings	list	100000	[(196, 242, 3.0, NoneType), (186, 302,…
read_ratings	method	1	method object of builtins module
reader	reader.Reader	1	Reader object of surprise.reader module

图 6-18　DataSet 结构

然后，我们使用 KNN 算法，基于相似度矩阵来进行推荐。因为相似度矩阵有两个，第一个是基于用户的相似度矩阵，另外一个则是基于商品的相似度矩阵。所以，协同过滤算法也有两种，第一种是基于用户的协同过滤算法，另外一种是基于商品的协同过滤算法。

surprise 模块使用 KNNBasic 函数进行建模，它的常用参数如图 6-19 所示。

surprise.KNNBasic(k=40, min_k=1, sim_options={'user_based': True}, verbos=True)	
参数	说明
k	KNN算法中的 k 参数，默认值为40
min_k	能推荐的最小 k 值，默认值为1
sim_options	相似度配置，默认为user_based和cosine sim
verbos	是否输出运行信息，默认为True，输出运行信息

图 6-19　KNNBasic 函数的常用参数

基于用户的协同过滤算法

使用基于用户的协同过滤算法时，只需要把 KNNBasic 函数的 sim_options 参数设置为 {'user_based': True} 即可，代码如下所示：

代码输入

```
from surprise import KNNBasic
#基于用户的协同过滤算法
userBased = KNNBasic(
    k=40, min_k=3,
    sim_options={'user_based': True}
)
#使用 DataSet 数据调用 build_full_trainset 方法生成训练样本来训练模型
algo.fit(
    ratingDataSet.build_full_trainset()
)
```

执行代码，得到一个训练完成的 KNN 模型。接着，我们调用模型的 predict 方法，对某个用户未曾观看过的电影进行评分预测，代码如下所示：

代码输入

```
#目标用户 ID
uid = 196

#获取该用户看过的所有电影的 ID
hasItemIDs = ratings[
    ratings.UserID==uid
].ItemID.drop_duplicates().values

#获取所有的电影的 ID
allItemIDs = ratings.ItemID.drop_duplicates()

#用于保存用户和电影之间的评分
_iids = []
_ratings = []
#遍历所有的电影，拿到每部电影的 ID
for iid in allItemIDs:
```

```
    #如果还没有看过这部电影
  if iid not in hasItemIDs:
      _iids.append(iid)
      #调用模型的 predict 方法，预测用户对电影的评分
      _ratings.append(
          userBased.predict(uid, iid).est
      )
#将结果以数据框的形式返回
result = pandas.DataFrame({
    'iid': _iids,
    'rating': _ratings
})
```

执行代码，得到推荐的结果，如图 6-20 所示。

图 6-20　基于用户的推荐结果

基于商品的协同过滤算法

在使用基于商品的协同过滤算法时，只需要把 KNNBasic 函数的 sim_options 参数设置为{'user_based': False}即可，代码如下所示：

代码输入

```
itemBased = KNNBasic(
    k=40,
    min_k=3,
    sim_options={'user_based': False}
)
itemBased.fit(
    ratingDataSet.build_full_trainset()
)
#数据集中的商品 ID
iid = 110
#DataSet 会对数据集中的物品 ID 重新进行编码，
#所以先要找出模型中使用的 id，即 inner_id
item_inner_id = itemBased.trainset.to_inner_iid(
    iid
```

```
)
#使用 inner_id 进行相似商品的计算，找出与该商品最接近的 10 个商品
iid_inner_neighbors = itemBased.get_neighbors(
    item_inner_id, k=10
)
#把 inner_id 转换为数据集中的 ID
iid_neighbors = [
    itemBased.trainset.to_raw_iid(inner_iid)
    for inner_iid in iid_inner_neighbors
]
```

执行代码，得到基于商品的协同过滤结果，如图 6-21 所示。

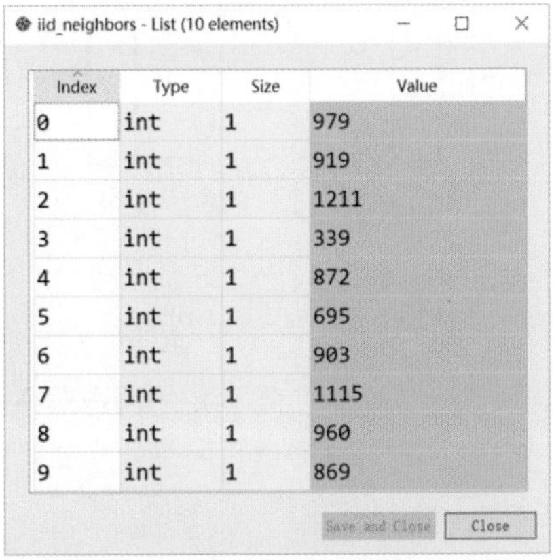

iid_neighbors - List (10 elements)

Index	Type	Size	Value
0	int	1	979
1	int	1	919
2	int	1	1211
3	int	1	339
4	int	1	872
5	int	1	695
6	int	1	903
7	int	1	1115
8	int	1	960
9	int	1	869

Save and Close　Close

图 6-21　基于商品的推荐结果

6.3　奇异值分解

和协同过滤类似，奇异值分解也是基于用户评分矩阵进行建模，但是它们对评分矩阵的处理有着本质上的区别。协同过滤会把用户没有评过分的商品，记为 0 分，而奇异值分解则把用户没有评过分的商品，当作一个未知值来求解，如图 6-22 所示。

	1	2	3	4	5
1	5	?	3	?	1
2	?	6	?	4	2
3	5	?	3	?	1

图 6-22　奇异值分解的评分矩阵

奇异值分解怎么求解未知的评分呢？它的思路很简单，就是把用户对商品的评分矩阵分解为 3 个矩阵，分别为 $\boldsymbol{U}$、$\boldsymbol{S}$、$\boldsymbol{V}$，具体如下所示：

$$\begin{bmatrix} r_{11} & r_{12} & \cdots & r_{1n} \\ r_{21} & r_{22} & \cdots & r_{2n} \\ \vdots & \vdots & \ddots & \vdots \\ r_{m1} & r_{m2} & \cdots & r_{mn} \end{bmatrix}$$

$$= \begin{bmatrix} u_{11} & u_{12} & \cdots & u_{1m} \\ u_{21} & u_{22} & \cdots & u_{2m} \\ \vdots & \vdots & \ddots & \vdots \\ u_{m1} & u_{m2} & \cdots & u_{mm} \end{bmatrix} \times \begin{bmatrix} s_{11} & 0 & \cdots & 0 \\ 0 & s_{22} & \cdots & 0 \\ \vdots & \vdots & \ddots & \vdots \\ 0 & 0 & \cdots & s_{mn} \end{bmatrix} \times \begin{bmatrix} v_{11} & u_{12} & \cdots & u_{1n} \\ v_{21} & u_{22} & \cdots & u_{2n} \\ \vdots & \vdots & \ddots & \vdots \\ v_{n1} & u_{n2} & \cdots & u_{nn} \end{bmatrix}$$

矩阵 S 中有 $\min\{m, n\}$ 个奇异值，排在后面的奇异值在很多情况下都为 0，所以一般只需要保留比较大的 r 个奇异值即可，即 $r<\min\{m, n\}$，这样就有：

$$\begin{bmatrix} u_{11} & u_{12} & \cdots & u_{1r} \\ u_{21} & u_{22} & \cdots & u_{2r} \\ \vdots & \vdots & \ddots & \vdots \\ u_{m1} & u_{m2} & \cdots & u_{mr} \end{bmatrix} \times \begin{bmatrix} s_{11} & 0 & \cdots & 0 \\ 0 & s_{22} & \cdots & 0 \\ \vdots & \vdots & \ddots & \vdots \\ 0 & 0 & \cdots & s_{rr} \end{bmatrix} \times \begin{bmatrix} v_{11} & u_{12} & \cdots & u_{1n} \\ v_{21} & u_{22} & \cdots & u_{2n} \\ \vdots & \vdots & \ddots & \vdots \\ v_{r1} & u_{r2} & \cdots & u_{rn} \end{bmatrix}$$

$$= \begin{bmatrix} pr_{11} & pr_{12} & \cdots & pr_{1n} \\ pr_{21} & pr_{22} & \cdots & pr_{2n} \\ \vdots & \vdots & \ddots & \vdots \\ pr_{m1} & pr_{m2} & \cdots & pr_{mn} \end{bmatrix}$$

只保留 r 个奇异值，再将它们相乘后，得到新的用户对商品的评分矩阵。使用新的评分矩阵对缺失评分的位置进行填充，这个填充的值就是算法预测的用户对商品的评分。代码如下所示：

代码输入	结果输出

`import numpy`
`#用户对商品的评分矩阵`
`ratings = numpy.mat([`
`[5, 0, 3, 0, 1],`
`[0, 6, 0, 4, 2],`
`[5, 0, 3, 0, 1]`
`])`
`#使用 SVD 算法分解矩阵`
`U, S, V = numpy.linalg.svd(`
`ratings, full_matrices=True`
`)`
`#输出 S`
`S`
	`array([8.39939489, 7.44648679, 0.])`

`#因为只有两个特征值大于 0,`
`#所以设置 r=2`
`U`
	`matrix([`
	`[-6.94e-01, 1.35e-01, -7.07e-01],`
	`[-1.91e-01, -9.82e-01, -3.47e-18],`
	`[-6.94e-01, 1.35e-01, 7.07e-01]`

```
#只保留前两列                           ])
U[:, :2]                              matrix([
                                      [-6.94e-01, 1.35e-01],
                                      [-1.91e-01, -9.82e-01],
                                      [-6.94e-01, 1.35e-01]
#只保留前两个奇异值                       ])
numpy.diag(S)[:2,:2]                  array([
                                      [8.39939489, 0.         ],
                                      [0.         , 7.44648679]
                                      ])
V                                     matrix([
                                      [-0.83, -0.14, -0.50, -0.09, -0.21],
                                      [ 0.18, -0.79, 0.11, -0.53, -0.23],
                                      [-0.51, 0.01, 0.86, 0.00, -0.04],
                                      [ 0.01, -0.54, 0.01, 0.84, -0.08],
                                      [-0.16, -0.26, -0.04, -0.08, 0.95]
#只保留前两行                           ])
V[:2, :]                              matrix([
                                      [-0.83, -0.14, -0.50, -0.09, -0.21],
                                      [ 0.18, -0.79, 0.11, -0.53, -0.23]
#重新计算新的评分矩阵                     ])
numpy.dot(                            matrix([
   numpy.dot(                         [ 5.00, 1.89e-16, 3.00, 1.62e-16, 1.00],
       U[:, :2],                      [-1.52e-16,  6.00, 7.43e-18, 4.00, 2.00],
       numpy.diag(S)[:2,:2]           [ 5.00, 1.42e-16, 3.00, 5.70e-17, 1.00]
   ),                                 ])
   V[:2, :]
)
```

执行代码，可以看到，在评分值为 0 的位置，都填上了一个预测值。

在 surprise 模块中，使用 SVD 函数进行奇异值分解，它的常用参数如图 6-23 所示。

surprise.SVD(n_factors=100)	
参数	说明
n_factors	隐含因子个数，默认值为100

图 6-23　SVD 函数的常用参数

下面，我们使用 MoveiLens 作为案例数据集，执行 SVD 函数来进行基于用户的推荐，代码如下所示：

代码输入

```
import pandas
```

```python
ratings = pandas.read_csv(
    "D:\\PDMBook\\第 6 章 关联\\6.3 奇异值分解\\u.data",
    sep='\t', names=["UserID", "ItemID", "rating", "timestamp"]
)

from surprise import Reader
from surprise import Dataset

reader = Reader(
    rating_scale=(1, 5)
)

ratingDataSet = Dataset.load_from_df(
    ratings[['UserID', 'ItemID', 'rating']],
    reader
)

from surprise import SVD
#基于用户的 SVD 算法
userBased = SVD(
    n_factors=20
)
#从 DataSet 中调用 build_full_trainset 方法生成训练样本
trainSet = ratingDataSet.build_full_trainset()
#使用所有训练样本训练模型
userBased.fit(trainSet)

#目标用户 ID
uid = 196

#获取 uid 对应的所有 iid
hasItemIDs = ratings[
    ratings.UserID==uid
].ItemID.drop_duplicates().values

#获取所有的 iid
allItemIDs = ratings.ItemID.drop_duplicates()

#保存没有的 iid 的预测评分
_iids = []
_ratings = []
for iid in allItemIDs:
    if iid not in hasItemIDs:
        _iids.append(iid)
```

```
#调用模型的 predict 方法，预测 uid 对 iid 的评分
_ratings.append(
    userBased.predict(uid, iid).est
)
#将结果以数据框的形式返回
result = pandas.DataFrame({
    'iid': _iids,
    'rating': _ratings
})
```

执行代码，即可得到 SVD 结果，如图 6-24 所示。

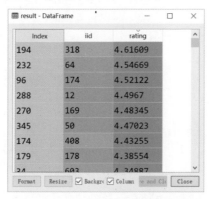

图 6-24 SVD 基于用户的推荐结果

第 **7** 章

时间序列

时间序列，是指均匀的时间间隔上的观测值序列。时间序列分析就是发现时间序列的变动规律并使用该规律来预测的统计技术。时间序列分析基于以下三个假设：

1. 假设事物发展趋势会延续到未来。
2. 预测所依据的数据没有不规则性。
3. 不考虑事物发展之间的因果关系。

时间序列分析主要包括两方面内容：第一是序列分解；第二是序列预测。

7.1 时间序列分解

在通常的情况下，一个时间序列包含 3 种影响因素，如下所示。

长期趋势（Trend）

长期趋势是指在一个相当长的时间内表现为一种近似直线的持续向上、向下或者平稳的趋势，例如我国的国民生产总值。

季节变动（Season）

季节变动是指时间序列数据受季节变化影响所形成的一种长度和幅度固定的短期周期波动，这里的"季节"是指周期，不局限于自然季节，还包括周、月、年等，例如冷饮、羽绒服销售的季节性波动，某写字楼的人流量在一周之内的波动等。

不规则变动（Irregular）

不规则变动是指受偶然因素的影响所形成的不规则波动，在时间序列中无法预计这种波动，例如股票市场受利好或者利空信息的影响，使得股票的价格产生的波动。

以上 3 种因素，会通过不同的组合方式，影响时间序列的发展和变化。

时间序列按照季节性来分类，分为季节性时间序列和非季节性时间序列。非季节性时间序列，包含一个趋势部分和一个不规则部分（也就是随机部分）。而季节性时间序列，除以上两个部分外，还有季节性部分。

7.1.1 非季节性时间序列分解

非季节性时间序列可以分解为一个趋势部分和一个不规则部分，常用移动平均法进行非季节性时间序列的分解。

MA（Moving Average）

移动平均是一种简单平滑技术，它通过在时间序列上逐项推移取一定项数的均值，来表现指标的长期变化和发展趋势。

SMA（Simple Moving Average）

简单移动平均将时间序列上前 n 个数值做简单的算术平均。假设用 $x_1 \sim x_n$ 来表示指标在时间序列上前 n 期中每一期的实际值，那么第 n 期的平滑值可以用以下公式来计算得到：

$$\text{SMA}_n = \frac{x_1 + x_2 + \cdots + x_n}{n}$$

下面我们来看一个 SMA 的计算案例。

一支股票的价格数据如图 7-1 所示，使用 SMA 来分解它，可以得到 SMA 列的数据。

股价	SMA
36.25	NA
37.25	NA
37.75	37.08
38.25	37.75
39.88	38.63
40.88	39.67
39.13	39.96
40	40.00
41.5	40.21

图 7-1 经 SMA 平滑后的股票数据

求解过程如下：

设 $n = 3$，那么 $SMA_1 = NA$，$SMA_2 = NA$

$$SMA_3 = \frac{x_1 + x_2 + x_3}{3} = \frac{36.25 + 37.25 + 37.75}{3} = 37.08$$

同理可得 SMA_i 的值。下面使用 Python 来演示如何计算 SMA，代码如下所示：

代码输入

```
import pandas

data = pandas.read_csv(
    'D:\\PDMBook\\第 7 章 时间序列分析\\非季节性时间序列.csv',
    encoding='utf8', engine='python'
)

原始数据 = data['公司 A']

import matplotlib.pyplot as plt

#将非季节性的时间序列，分解为趋势部分和不规则部分
#SMA
移动平均 = 原始数据.rolling(3).mean()
plt.plot(
    data.index, 原始数据, 'k-',
    data.index, 移动平均, 'g-'
)
```

执行代码，得到如图 7-2 所示的图形。

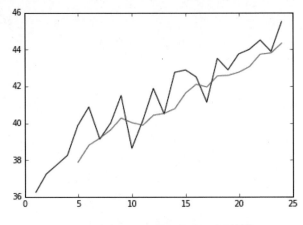

图 7-2 经 SMA 平滑后的时间序列数据

可以看到，黑色的线条就是原来的数据曲线，波动性比较大，而绿色的线条，就是经 SMA 平滑之后的曲线，波动性基本被消除。我们可以看到，平滑后数据具有向上的趋势。下面我们在图 7-2 的基础上，加入随机误差部分的数据。

代码输入

```
随机误差 = 原始数据 - 移动平均
plt.plot(
    data.index，原始数据，'k-'，
    data.index，移动平均，'g-'，
    data.index，随机误差，'r-'
)
```

执行代码，得到如图 7-3 所示的图形。

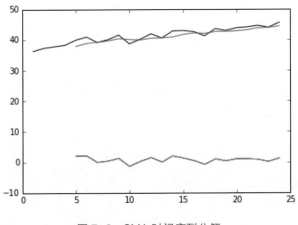

图 7-3　SMA 时间序列分解

红色的曲线代表随机误差的变化，可以看到，随机误差在 0 附近波动，它的均值趋向于 0。

WMA（Weighted Moving Average）

加权移动平均在基于简单移动平均的基础上，对时间序列上前 n 期的每一期数值赋予相应的权重，即得到加权平均的结果。它的基本思想是，提升近期的数据并减弱远期数据对当前预测值的影响，使平滑值更贴近最近的变化趋势。我们用 w_i 来表示每一期的权重，则加权移动平均的计算公式如下：

$$WMA_n = w_1x_1 + w_2x_2 + \cdots + w_nx_n$$

下面我们来看一个 WMA 的计算案例，数据如图 7-4 所示。

股价	WMA
36.25	NA
37.25	NA
37.75	37.33
38.25	37.91
39.88	38.98
40.88	40.10
39.13	39.83
40	39.85
41.5	40.61

图 7-4　经 WMA 平滑后的股票数据

设 $n = 3$，$w_1 = 1/6$，$w_2 = 2/6$，$w_3 = 3/6$

那么，$\text{WMA}_1 = \text{NA}$，$\text{WMA}_2 = \text{NA}$

$$\text{WMA}_3 = w_1 x_1 + w_2 x_2 + w_3 x_3 = \frac{36.25 \times 1 + 37.25 \times 2 + 37.75 \times 3}{6} = 37.33$$

同理可得 WMA_i 的值。下面，我们来看如何在 Python 中计算 WMA 的值，代码如下所示：

代码输入

```
#定义窗口大小
wl = 3
#定义每个窗口值的权重
ww = [1/6, 2/6, 3/6]

def wma(window):
    return numpy.sum(window*ww)

移动平均 = 原始数据.rolling(wl).aggregate(wma)

随机误差 = 原始数据 - 移动平均
plt.plot(
    data.index, 原始数据, 'k-',
    data.index, 移动平均, 'g-',
    data.index, 随机误差, 'r-'
)
```

执行代码，得到如图 7-5 所示经 WMA 分解后的时间序列数据。

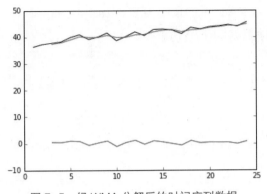

图 7-5　经 WMA 分解后的时间序列数据

7.1.2　季节性时间序列

所谓季节性时间序列，是指在一个时间序列中，若经过 n 个时间间隔后，呈现出相似的波动，那么就说该序列具有以 n 为周期的季节性特性。如图 7-6 所示，我们从后向前看，每隔大概 6 个间隔，就有一个周期性的波动。

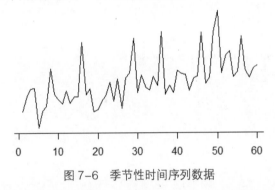

图 7-6　季节性时间序列数据

季节性时间序列可分解为趋势部分、季节性部分和不规则部分，比非季节性时间序列多一个季节性的部分，如图 7-7 所示。

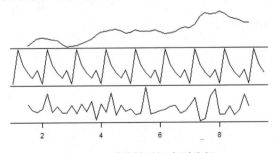

图 7-7　季节性时间序列分解

在 Python 中，使用 statsmodels 模块的 seasonal_decompose 函数进行季节性时间序列的分解，它的常用参数如图 7-8 所示。

statsmodels.tsa.seasonal.seasonal_decompose(x, freq=None)	
参数	说明
x	要分解的季节性时间序列
freq	时间序列的周期，需要自己根据业务来判断数据的周期

图 7-8　seasonal_decompose 函数的常用参数

下面，我们使用一个案例来学习季节性时间序列的分解，代码如下所示：

代码输入

```python
import pandas
data = pandas.read_csv(
    '季节性时间序列.csv',
    encoding='utf8', engine='python'
)
总销量 = data['总销量'].values
#加载 statsmodels 模块
import statsmodels.api
#执行季节性时间序列分解
tsr = statsmodels.api.tsa.seasonal_decompose(
    总销量, period=7
)
#获取趋势部分
趋势部分 = tsr.trend
#获取季节性部分
季节性部分 = tsr.seasonal
#获取随机误差部分
随机误差 = tsr.resid

import matplotlib
import matplotlib.pyplot as plt
#设置中文字体
font = matplotlib.font_manager.FontProperties(
    fname='D:\\PDMBook\\SourceHanSansCN-Light.otf',
    size=15
)

# 生成 2×2 的子图
```

```
fig, ((ax1, ax2), (ax3, ax4)) = plt.subplots(2, 2)

ax1.set_title("总销量", fontproperties=font)
ax1.plot(
    data.index, 总销量, 'k-'
)
ax2.set_title("趋势部分", fontproperties=font)
ax2.plot(
    data.index, 趋势部分, 'g-'
)
ax3.set_title("季节性部分", fontproperties=font)
ax3.plot(
    data.index, 季节性部分, 'r-'
)
ax4.set_title("随机误差", fontproperties=font)
ax4.plot(
    data.index, 随机误差, 'b-'
)
```

　　执行代码，得到分解后的季节性时间序列，如图 7-9 所示。

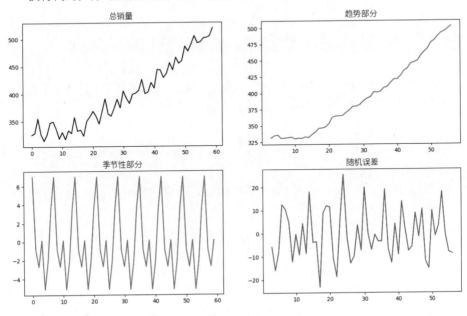

图 7-9　季节性时间序列分解案例

7.2 序列预测

所谓预测，是对尚未发生或目前还不明确的事物进行预先的估计和推测，是在现时对事物将要发生的结果进行探讨和研究，简单地说就是从已知事件测定未知事件。为什么要预测呢？因为预测可以帮助我们了解事物发展的未来状况，可以在目前为它的到来做好准备。

时间序列预测，是根据时间序列所反映出来的发展过程、方向和趋势，进行类推或延伸，借以预测下一段时间或以后若干周期内可能达到的水平。

预测不能毫无根据地进行，它应是在认识了事物的发展变化规律后，利用规律的必然性来进行科学预测。时间序列预测，通过分析时间序列样本的本质特征来进行预测，如果发现这些本质特征在过去的任意时间段内都具有稳定的状态，那么就可以假设时间序列未来的本质特征依然稳定。这就是我们能够对时间序列进行预测的科学依据。

时间序列预测使用时间序列的**均值**、**方差**和**协（自）方差**这三个统计量来刻画时间序列的本质特征。若这些统计量的值在过去和未来仍保持不变的时间序列，我们则称它具有平稳性。也就是说，一个平稳的时间序列指的是，未来的时间序列，它的均值、方差和协方差必定与现在的时间序列相等。

7.2.1 把不平稳的时间序列转换成平稳的时间序列

平稳的时间序列其统计特征不随时间变化而变化。只有统计特征不随时间变化而变化的时间序列才能用于预测。如果时间序列不平稳，则需要通过差分等技术手段，把它转换成平稳的时间序列，然后再进行预测。

差分（Integrated）

差分是把不平稳的时间序列转换为平稳的时间序列的最常用方法。一阶差分的公式如下所示：

$$\Delta f(x_k) = f(x_{k+1}) - f(x_k)$$

n 阶差分在 $n-1$ 阶差分的基础上，按照一阶差分的公式计算即可。

假设现有时间序列 3、6、8、11、13，那么它的一阶差分为 6-3、8-6、11-8、13-11，也就是 3、2、3、2，二阶差分为 2-3、3-2、2-3，也就是-1、1、-1，以此类推。

在 pandas 模块中，使用时间序列 diff 函数，即可对数据进行差分。它的常用参数如图 7-10 所示。

pandas.Series.diff(periods=1)	
参数	说明
periods	要差分的阶次，默认为一阶差分

图 7-10　diff 函数的常用参数

单位根检验法

可以使用单位根检验法来检验一个时间序列的平稳性。在 statsmodels 模块中，可使用 adfuller 函数对时间序列进行单位根检验，它的常用参数如图 7-11 所示。

statsmodels.tsa.stattools.adfuller(x)	
参数	说明
x	要检验的时间序列

图 7-11　adfuller 函数的常用参数

下面通过一个案例，来检验一个时间序列是否具有平稳性，以及如何通过差分把一个不平稳的时间序列转换为一个平稳的时间序列。首先导入数据，观察时间序列的分布情况，代码如下所示：

代码输入

```python
import pandas
#导入时间序列数据
data = pandas.read_csv(
    'D:\\PDMBook\\第 7 章 时间序列分析\\时间序列预测.csv',
    encoding='utf8', engine='python'
)
#设置索引为时间格式
data.index = pandas.to_datetime(
    data.date, format='%Y%m%d'
)
#删掉 date 列，因为它已经被保存到索引中了
del data['date']

import matplotlib.pyplot as plt
#使用数据绘图
plt.figure()
plt.plot(data, 'r')
```

执行代码，即可得到如图 7-12 所示的折线图。

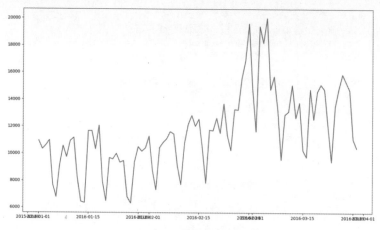

图 7-12　时间序列折线图

　　从折线图我们可以看到，在 2016 年 3 月 1 日到 2016 年 3 月 15 日期间，数据的均值明显比其他时间段内的均值大。因此这个时间序列明显不是一个平稳的时间序列。下面我们使用单位根检验法来检验一下，代码如下所示：

代码输入

```python
import statsmodels.api as sm
import statsmodels.tsa.stattools as ts

#封装一个方法，方便解读 adfuller 函数的结果
def tagADF(t):
    result = pandas.DataFrame(index=[
            "Test Statistic Value",
            "p-value", "Lags Used",
            "Number of Observations Used",
            "Critical Value(1%)",
            "Critical Value(5%)",
            "Critical Value(10%)"
        ], columns=['value']
    )
    result['value']['Test Statistic Value'] = t[0]
    result['value']['p-value'] = t[1]
    result['value']['Lags Used'] = t[2]
    result['value']['Number of Observations Used'] = t[3]
    result['value']['Critical Value(1%)'] = t[4]['1%']
    result['value']['Critical Value(5%)'] = t[4]['5%']
    result['value']['Critical Value(10%)'] = t[4]['10%']
    return result
```

```
#使用 ADF 单位根检验法，检验时间序列的稳定性
adf_Data = ts.adfuller(data.value)
#解读 ADF 单位根检验结果
adfResult = tagADF(adf_Data)
```

执行代码，即可得到如图 7-13 所示的结果。

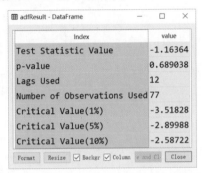

图 7-13　对不平稳时间序列进行单位根检验的结果

单位根检验法的原假设是：被检验的时间序列不是平稳的时间序列。单位根检验法属于第二类假设检验。通过图 7-13 中的检验结果，可以看到，这个结论成立的概率为 0.68。也就是被检验的时间序列有 68%的概率不是一个平稳的时间序列。我们不能拒绝原假设，认为这个时间序列不是一个平稳的时间序列。

然后，我们通过差分的方法得到差分时间序列，代码如下所示：

代码输入

```
# 对数据进行差分，
# 因为差分之后，第一个位置会有一个空值
# 所以调用 dropna 方法删掉它
diff = data.value.diff(1).dropna()


plt.figure()
plt.plot(diff, 'r')
```

执行代码，得到如图 7-14 所示的折线图。

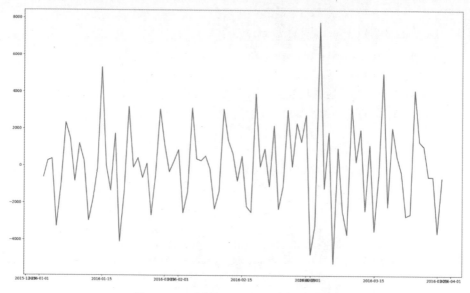

图 7-14　一阶差分后的时间序列折线图

可以看到，这个时间序列就没有大范围的波动情况。下面我们使用单位根检验法，来检验差分时间序列，看它是否符合平稳时间序列的要求，代码如下所示：

代码输入

#使用 ADF 单位根检验法，检验时间序列的稳定性

```
adfDiff = ts.adfuller(diff)
```
#解读 ADF 单位根检验法得到的结果
```
adfResult = tagADF(adfDiff)
```

执行代码，得到如图 7-15 所示的结果。

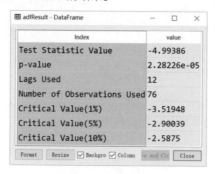

Index	value
Test Statistic Value	-4.99386
p-value	2.28226e-05
Lags Used	12
Number of Observations Used	76
Critical Value(1%)	-3.51948
Critical Value(5%)	-2.90039
Critical Value(10%)	-2.5875

图 7-15　单位根检验的结果

通过图 7-15 中的检验结果可以看到，p 值为 2.28×10^{-5}，也就是被检验的时间序列，有 2.28×10^{-5} 的概率不是一个平稳的时间序列。因为 $2.28 \times 10^{-5} < 0.05$，所以我

们可以拒绝原假设，认为差分后的时间序列是一个平稳的时间序列。

得到一个平稳的时间序列后，就可以使用模型来对时间序列进行预测了。常用的时间序列预测模型是结合 AR 与 MA 模型的 ARMA 模型，这三个模型都需要输入的时间序列是平稳的。

7.2.2　自回归模型

自回归模型本质上是一个线性回归模型，自回归模型中的"自"描述的是当前值与历史值之间的关系。自回归模型通过一个超参数 p，把时间序列格式的样本转换为线性回归模型的样本，它的转换方法如图 7-16 所示。

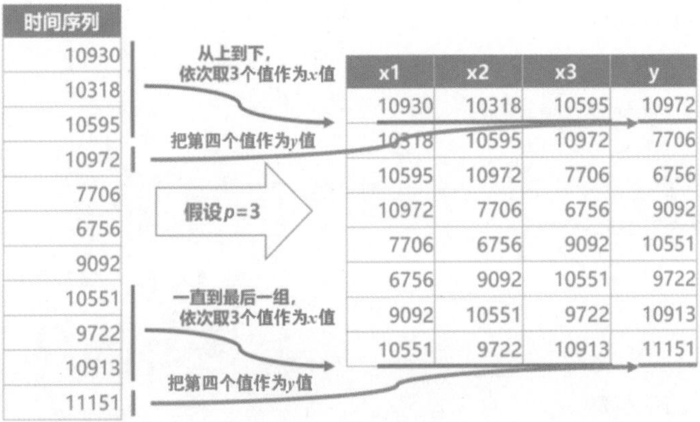

图 7-16　将时间序列格式的样本转换为回归模型格式

自回归模型的数学表达式如下所示：

$$x_t = \sum_{i=1}^{p} \alpha_i x_{t-i} + \beta + \varepsilon_t$$

其中：

p 为回归方程未知数的个数，表示时间序列的值只与前 p 个时间点有关。

x_t 为时间序列当前时刻的值，x_{t-i} 为时间序列当前时刻 t 往前 i 时刻的值。

α_i 为回归方程的系数，可以理解为加权移动平均中前 i 个时间点对现在的影响大小。

β 为回归方程的常数项。

ε_t 为回归方程的拟合误差。

在 statsmodels 模块中，使用 AR 函数进行自回归模型的建模，它的常用参数如图 7-17 所示。

statsmodels.tsa.AR(x)	
参数	说明
x	时间序列训练数据

图 7-17　AR 函数的常用参数

下面，我们使用自回归模型来拟合如图 7-14 所示的平稳时间序列数据，代码如下所示：

代码输入	结果输出

```
#使用 AR 函数建模
arModel = sm.tsa.AR(
    diff
)
#使用 AR 模型的 select_order 方法
#自动根据 AIC 指标从 1 ~ 30 中
#选择最优的 p 值
p = arModel.select_order(
    maxlag=30,
    ic='aic'                              15
)
print(p)


#使用最优的 p 值进行建模
arModel = arModel.fit(maxlag=p)
                                          0.707233679606506
#对时间序列模型进行评估
delta = arModel.fittedvalues - diff
score = 1 - delta.var()/diff.var()
print(score)
```

一般情况下，使用自回归模型已经可以得到不错的结果，如果还需要达到更高的精度，则可以增加回归方程的未知数个数 p。但是一味地提高 p 只能得到有限的提升，而且模型的未知参数越多，拟合需要的样本就越多，而训练数据太少，又会限制自回归模型的精度。

于是，为了提高自回归模型的精度，但是又不需要提高 p 的值，科学家们在自回归模型的基础上，叠加了移动平均模型。

7.2.3　移动平均模型

移动平均模型描述的是自回归模型部分的累计误差，它的数学表达式如下所示：

$$x_t = \sum_{i=1}^{q} \theta_i \varepsilon_{t-i} + \mu + \varepsilon_t$$

移动平均模型的意义，在于找到较少参数的移动平均模型，来代替较多参数的自回归模型。举个例子，假设有一个特殊的无穷阶的自回归模型如下所示：

$$x_t = \beta + \varepsilon_t + \alpha x_{t-1} - \alpha^2 x_{t-2} + \alpha^3 x_{t-3} - \alpha^4 x_{t-4} \cdots$$

那么，当 $t = t - 1$ 时：

$$x_{t-1} = \beta + \varepsilon_{t-1} + \alpha x_{t-2} - \alpha^2 x_{t-3} + \alpha^3 x_{t-4} - \alpha^4 x_{t-5} \cdots$$

把 x_{t-1} 左右两边都乘以一个 α，可以得到：

$$\alpha x_{t-1} = \alpha\beta + \alpha\varepsilon_{t-1} + \alpha^2 x_{t-2} - \alpha^3 x_{t-3} + \alpha^4 x_{t-4} - \alpha^5 x_{t-5} \cdots$$

计算 $x_t + \alpha x_{t-1}$，有：

$$x_t + \alpha x_{t-1} = \beta + \varepsilon_t + \alpha x_{t-1} + \alpha\beta + \alpha\varepsilon_{t-1}$$

得到：

$$x_t = \beta + \alpha\beta + \varepsilon_t + \alpha\varepsilon_{t-1}$$

$\beta + \alpha\beta$ 是一个常数，因此使用 μ 来表示它，也就是：

$$x_t = \mu + \varepsilon_t + \alpha\varepsilon_{t-1}$$

换而言之，MA(1) 相当于一个特殊的无穷阶的 AR 模型。同样，对于任意的 q，MA(q) 都可以找到一个 AR(p) 模型与之对应。

7.2.4　自回归移动平均模型

顾名思义，ARMA 模型就是 AR 模型与 MA 模型的组合，其是在将非平稳时间序列转换为平稳时间序列后，将因变量仅对它的滞后值以及随机误差项的现值和滞后值进行回归所建立的模型。ARMA 模型的数学表达式如下所示：

$$x_t = c + \sum_{i=1}^{p} \varphi_i X_{t-i} + \sum_{i=1}^{q} \theta_i \varepsilon_{t-i} + \varepsilon_t$$

在 statsmodels 模块中，使用 ARMA 函数进行 ARMA 模型的建模，它的常用参数，如图 7-18 所示。

statsmodels.tsa.ARMA(x, order)	
参数	说明
x	时间序列训练数据
order	ARMA模型参数(p, q)

图 7-18　ARMA 函数的常用参数

下面，我们使用 ARMA 模型来拟合如图 7-14 所示的平稳时间序列数据。首先选择出 ARMA 模型最优的超参数 p 和 q，代码如下所示：

代码输入

```
#ARMA 模型，使用 AIC 指标
#AR 模型从 1~15 中选择最优的 p
#MA 模型从 1~15 中选择最优的 q
#执行时间非常长，作者执行了 10 个小时左右
ic = sm.tsa.arma_order_select_ic(
    diff,
    max_ar=15,
    max_ma=15,
    ic='aic'
)
```

执行代码，得到如图 7-19 所示的结果。

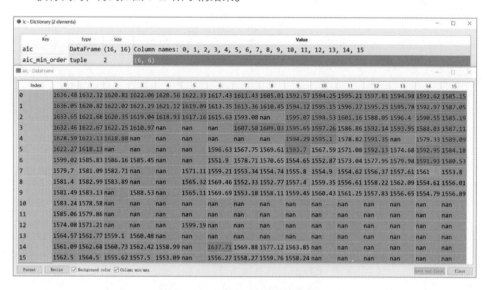

图 7-19　ARMA 模型最优参数

最小的 AIC 指标对应的参数就是最优的超参数。可以看到，最小的 AIC 指标所在

的位置是$(6, 6)$。得到最优的(p, q)后，我们就可以使用 ARMA 模型对时间序列数据进行建模了，代码如下所示：

代码输入	结果输出

#选择最优参数
order = (6, 6)
armaModel = sm.tsa.ARMA(
diff, order
).fit()
#评估模型得分
delta = armaModel.fittedvalues - diff
score = 1 - delta.var()/diff.var()
print(score)
	
	0.710806393160652

可以看到，ARMA 模型得分比 AR 模型略有提升。最后，我们使用训练好的 ARMA 模型，来预测接下来 10 天的值，代码如下所示：

代码输入

```
#预测接下来 10 天的值
p = armaModel.predict(
    start='2016-03-31',
    end='2016-04-10'
)


#封装一个对差分数据进行还原的函数
def revert(diffValues, *lastValue):
    for i in range(len(lastValue)):
        result = []
        lv = lastValue[i]
        for dv in diffValues:
            lv = dv + lv
            result.append(lv)
        diffValues = result
    return diffValues


#对差分的数据进行还原
r = revert(p, 10395)
```

下面使用折线图来对比原始值与预测值。先绘制差分后的平稳数据与预测数据的对比折线图，代码如下所示：

代码输入

```
plt.figure()
plt.plot(diff, 'r', label='Raw')
plt.plot(armaModel.fittedvalues, 'g', label='ARMA Model')
```

```
plt.plot(p, 'b', label='ARMA Predict')
plt.legend()
```

执行代码，得到如图 7-20 所示的折线图。

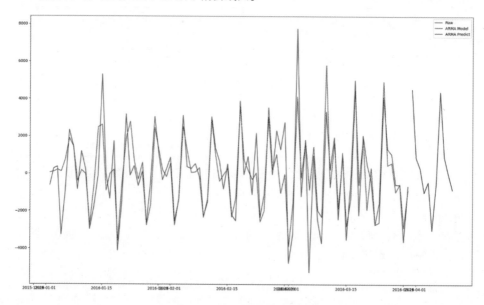

图 7-20 ARMA 模型效果折线图 1

可以看到，预测的效果还是不错的。最后，绘制原始时间序列数据与预测的时间序列数据的对比折线图，代码如下所示：

代码输入

```
r = pandas.DataFrame({
    'value': r
  }, index=p.index
)
plt.figure()
plt.plot(
    data.value, c='r',
    label='Raw'
)
plt.plot(
    r, c='g',
    label='ARMA Model'
)
plt.legend()
```

执行代码，得到如图 7-21 所示的折线图。

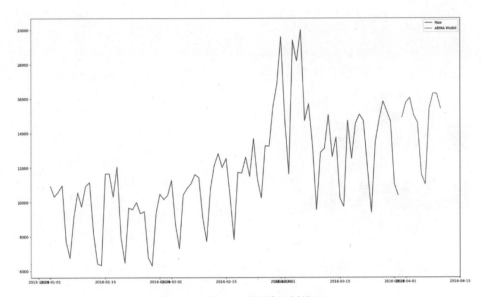

图 7–21　ARMA 模型效果折线图 2

第 8 章

模型持久化

持久化是程序开发中的专业术语，是指将程序数据在持久状态和瞬时状态间转换的机制。其中，瞬时数据是指不能永久保存的数据，例如内存中的数据关机之后就会消失。持久数据是指能够长久保存的数据，例如数据库中的数据即使关机也不会消失。持久化有两个含义：一是把内存中的数据保存到磁盘上；二是从磁盘中恢复数据到内存。

搭建一个数据挖掘模型需要耗费非常多的资源，这些资源包括数据、环境以及时间等。如果我们每次部署都要重新训练一次模型，就会浪费很多资源。因此也需要对数据挖掘模型进行持久化。

下面我们来学习，如何使用 sklearn 函数进行模型的持久化。

8.1 保存模型

首先，我们创建一个简单的 SVM 模型，代码如下所示：

代码输入

```
from sklearn import datasets

#加载 iris 数据集
iris = datasets.load_iris()
#定义特征与训练目标
X, y = iris.data, iris.target
```

```
from sklearn import svm
#使用 SVC 函数建立一个 SVM 模型
SVMModel = svm.SVC()
#训练模型
SVMModel.fit(X, y)
```

　　在 sklearn 模块中，使用 dump 函数进行模型的持久化，它的常用参数如图 8-1 所示。

sklearn.externals.joblib.dump(value, filename)	
参数	说明
value	要保存的变量
filename	文件的路径

图 8-1　dump 函数的常用参数

　　下面使用 dump 函数来保存 SVM 模型，代码如下所示：

代码输入

```
from sklearn.externals import joblib
#保存模型到 SVMModel.sklearn 文件中
joblib.dump(
    SVMModel,
    'D:\\PDMBook\\第 8 章 模型持久化\\SVMModel.sklearn'
)
```

　　执行代码，即可将模型保存为文件，如图 8-2 所示。

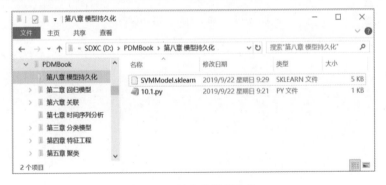

图 8-2　持久化模型文件

　　可以看到，在对应的文件路径中，生成了一个名为 SVMModel.sklearn 的文件，这就是模型持久化文件。它的文件名和后缀名可以根据自己的喜好指定，例如，你可以把它命名为 svm.model、svm.ppy 等，只要符合操作系统的文件名命名规则即可。使用文本编辑器打开它，可以看到，这是一个二进制的文件，如图 8-3 所示。

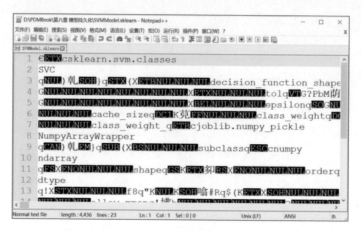

图 8-3　二进制模型文件

8.2　恢复模型

使用 sklearn 模块中的 load 函数，即可把模型从文件恢复到内存中，它的常用参数如图 8-4 所示。

sklearn.externals.joblib.load(filename)	
参数	说明
filename	文件的路径

图 8-4　load 函数的常用参数

我们新打开一个 IPython 窗口，来演示如何把文件中的模型恢复到内存中，如图 8-5 所示。

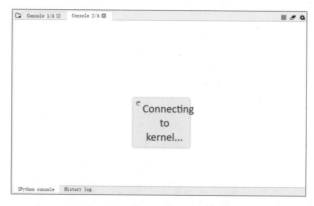

图 8-5　新打开一个 IPython 窗口

从文件加载模型到内存的代码如下所示：

代码输入
```
from sklearn.externals import joblib
#从文件中加载模型
SVMModel = joblib.load(
    'D:\\PDMBook\\第 8 章 模型持久化\\SVMModel.sklearn'
)
```

执行代码，加载模型。下面我们使用该模型进行评分、预测，代码如下所示：

代码输入   结果输出
```
from sklearn import datasets
#加载 iris 数据集
iris = datasets.load_iris()
#定义特征与训练目标
X, y = iris.data, iris.target

#使用模型对数据进行评分
SVMModel.score(X, y)
#使用模型对数据进行预测
Y = SVMModel.predict(X)
```

col_0	0	1	2
row_0			
```
import pandas
#计算数据的混淆矩阵
pandas.crosstab(y, Y)
```
0	50	0	0
1	0	48	2
2	0	0	50

执行代码，可以看到，我们能够正常使用加载的模型。

8.3 管道模型

管道是指模型从数据输入到预测输出的整个过程，包括数据处理、特征工程以及模型预测等过程，其是通过大量数据挖掘工程而总结出来的编程技巧。使用管道，可以简化整个模型部署的过程，它把整个模型的运行封装为只有一个输入和一个输出，从而方便了工程人员复用模型。

sklearn 模块把管道中的对象分为两种类型：一类是转换器 Transformer，主要负责数据处理以及特征处理，它们的公共方法有：训练方法 fit、转换方法 transform 和训练且转换方法 fit_transform。另一类是评估器 Estimator，主要负责建模或者模型评估，它们的公共方法有：训练方法 fit、评分方法 score 和预测方法 predict。如图 8-6 所示。

图 8-6　Transformer 与 Estimator 的公共方法

转换器（Transformer）

转换器主要负责数据处理以及特征处理，例如我们之前学习过的多项式特征处理方法 PolynomialFeatures、计数向量化方法 CountVectorizer、独热编码方法 OneHotEncoder，都属于转换器。在日常的工作中，我们经常需要自建转换器，以进行特殊的数据处理，例如中文分词、字符串处理等。下面我们来看看如何新建一个转换器，并使用该转换器进行中文分词，代码如下所示：

代码输入

```
import jieba
from sklearn.base import TransformerMixin

#定义一个 Transformer，用于中文分词
class CnCut(TransformerMixin):
    #构造函数，需要输出两个参数：
    #cn_column_name 为要分词的列
    def __init__(self, cn_column_name):
        self.cn_column_name = cn_column_name
    #中文分词不需要训练操作，因此直接返回对象即可
    def fit(self, X, y=None):
        return self
    #在转换方法中，实现中文分词的逻辑
    def transform(self, X, y=None):
        data = X.copy()
        fileContents = []
        for index, row in data.iterrows():
            fileContent = row[self.cn_column_name]
            segs = jieba.cut(fileContent)
            fileContents.append(" ".join(segs))
        data[self.cn_column_name] = fileContents
        return data[self.cn_column_name]
```

```
import pandas
#导入多项式文本分类的案例数据
data = pandas.read_excel(
    "D:\\PDMBook\\第3章 分类模型\\3.5 贝叶斯分类\\多项式贝叶斯.xlsx"
)
#新建一个中文分词转换器
cnCut = CnCut(cn_column_name='fileContent')
#进行中文分词的转换
cutData = cnCut.transform(data)
```

中文分词器 cnCut 需要知道要处理的中文数据是哪一列，所以构造函数需要输入待处理的中文数据列。中文分词不需要训练操作，因此它没有训练的过程，所以 fit 方法直接返回 self 对象即可。中文分词的主要逻辑在 transform 方法里实现。执行代码，即可进行中文分词，结果如图 8-7 所示。

图 8-7　中文分词结果

评估器（Estimator）

评估器主要负责建模或者评估，常见的建模方法有我们之前学过的线性回归建模方法 LinearRegression、决策树建模方法 DecisionTreeClassifier、多项式贝叶斯建模方法 MultinomialNB 等。常见的模型评估方法有网格搜索交叉验证方法 GridSearchCV 等。在日常的工作中，sklearn 模块自带的评估器已经能满足一般的建模需要，很少有自己创建评估器的需求。

管道使用案例

在日常的数据挖掘中，转换器与评估器组成管道组合，如图 8-8 所示。

图 8-8　常见的管道组合

　　例如，在多项式朴素贝叶斯分类的案例中，对数据进行中文分词后，使用计数向量化的方法进行特征工程，最后使用多项式朴素贝叶斯模型进行建模，代码如下所示：

代码输入

```
#新建一个中文分词转换器
cnCut = CnCut(cn_column_name='fileContent')

from sklearn.feature_extraction.text import CountVectorizer
#新建一个文本向量化转换器
countVectorizer = CountVectorizer(
    min_df=0, token_pattern=r"\b\w+\b"
)

from sklearn.naive_bayes import MultinomialNB
#新建一个多项式朴素贝叶斯模型
MNBModel = MultinomialNB()

import pandas
#导入多项式文本分类的案例数据
data = pandas.read_excel(
    "D:\\PDMBook\\第 3 章 分类模型\\3.5 贝叶斯分类\\多项式贝叶斯.xlsx"
)

#中文分词
cutData = cnCut.transform(data)
#训练文本向量化转换器
countVectorizer.fit(cutData)
#文本向量化
textVector = countVectorizer.transform(cutData)
#训练多项式朴素贝叶斯模型
MNBModel.fit(textVector, data['class'])
#对模型进行评分
MNBModel.score(textVector, data['class'])
```

　　要持久化这个模型，至少要保存 cnCut、countVectorizer 以及 MNBModel 对象，这样一来模型的部署就比较麻烦。可以使用管道对这个过程进行封装，代码如下所示：

代码输入

```
from sklearn.pipeline import Pipeline
from sklearn.naive_bayes import MultinomialNB
from sklearn.feature_extraction.text import CountVectorizer

pipeline = Pipeline([
    ('DP', CnCut(cn_column_name='fileContent')),
    ('FP', CountVectorizer(min_df=0, token_pattern=r"\b\w+\b")),
    ('Model', MultinomialNB())
])

import pandas
#导入多项式文本分类的案例数据
data = pandas.read_excel(
    "D:\\PDMBook\\第 3 章 分类模型\\3.5 贝叶斯分类\\多项式贝叶斯.xlsx"
)
pipeline.fit(data, data['class'])
pipeline.score(data, data['class'])

pipeline.predict(data)
```

　　可以看到，使用管道封装代码后，代码量大大减少。这样在持久化模型时，只保存 pipeline 变量即可，这大大减轻了模型部署的难度。